ORIGINAL POINT PSYCHOLOGY  

我：弄错身分的个案

The I-Entity: A Case of Mistaken Identity

[美] 杨定一 / 著

北京市版权局著作权合同登记号 图字：01-2023-6269 号

图书在版编目（CIP）数据

我：弄错身分的个案 /（美）杨定一著．-- 北京：华龄出版社，2024. 3

ISBN 978-7-5169-2717-5

Ⅰ．①我… Ⅱ．①杨… Ⅲ．①人生哲学－通俗读物 Ⅳ．① B821-49

中国国家版本馆 CIP 数据核字 (2024) 第 031682 号

策划编辑 颉腾文化

责任编辑 鲁秀敏　　责任印制 李未圻

书　　名 我：弄错身分的个案

作　　者 [美] 杨定一　　编　　者 陈梦怡

封面设计 卢峻嵘　　插　　画 施智腾（Simon）

出　　版 发　　行 华龄出版社 HUALING PRESS

社　　址 北京市东城区安定门外大街甲 57 号　　邮　　编 100011

发　　行（010）58122255　　传　　真（010）84049572

承　　印 涿州市京南印刷厂

版　　次 2024 年 3 月第 1 版　　印　　次 2024 年 3 月第 1 次印刷

规　　格 650mm×910mm　　开　　本 1/16

印　　张 12　　字　　数 134 千字

书　　号 978-7-5169-2717-5

定　　价 79.00 元

读到《我：弄错身分的个案》这样的书名，你可能会认为我是不是又回到了好几本书之前，好像还想要重新说明《全部的你》所介绍的“我”（ego）。你或许还想问，既然之前谈过，为什么在这里要再一次强调这个观念？

是的，你说中了一部分。我在“全部生命系列”的每一本书，都强调“我”是人生全部烦恼和痛苦的根源。仔细想想，“我”本身既是所有修行法门都想努力去消除的，更让我们这一生走了数不完的冤枉路，它当然重要。

但我们想不到的是，这个“我”决定的范围，远远超过我们对人生可以有的判断或感受，也远远超过我们自以为的人生。“我”不光是决定了我们的个性和行为，它所决定的其实比我们想象的更根本，甚至包括我们对真实的认知。

我们更想不到的是，我们在这一生建立的全部观念、价值、意义、样样的理解，都是“我”投射出来的。其中，还包括——修行。

我们再怎么领悟，无论多深刻、多微细，还是离不开“我”的范围。可以说，几乎每一个修行的人都是透过“我”在找真实，透过“我”在期待领悟，希望透过“我”回到一体；却没有去想，这样的真实、领悟、一体，其实还是离不开“我”，最多是一个比较扩大的“我”。

这一点，确实是很难察觉到。

从我的看法，这个循环是修行会遇到的最大的阻碍。

我提过，“用头脑来消失头脑”“透过局限来找无限”“透过无常进入永恒”“把相对交给绝对”……全部这些观念，其实还是离不开“我”的作用，离不开我在前面作品提到的“做”或是“动”。我也不断提醒，这些理想是不可能达到的。

你读到这里，也可能认为矛盾又出来了。既然不可能，为什么我还要用“全部生命系列”那么多篇幅，来鼓励大家去追求本来就不可能追求到的？

解开这个表面上的矛盾，就是我这本书想分享的。

会采用“弄错身分的个案”作为书名，多少也反映了我个人的医学背景。站在医学的角度，我们通常用“个案”（case）来表达一个病人的案例。医学，无论是过去传统或现代的西方医学，其实完全是靠数不清的病人的个案，点点滴滴建立起来的。从个案，透过重复，延伸出通用的原则，也就是通则。从通则，才可以建立理论。从理论，才可以扩大到解释和预测真实。其实，每一个学问的建立，无论化学、物理、生物、心理学……都是如此。

有时候，个案本身是特例，对整体并没有代表性。但是，我们又不能说这种特例不存在。站在整体，一套道理必须能解释特例，而且是解释所有的特例，才足以称为真理。

不只如此，我用“弄错身分的个案”来比喻“我”，其实是带着双重的反讽。

首先，我们以为理所当然的现实，坦白说，一点都不客观。这个不客观的现实，正是透过“我”这个弄错身分的个案所建立起来的。其实没有一个东西叫做客观的现实，现实根本就是主观的。

此外，对整体而言，“我”和这个世界一点都没有代表性。“我”和这个世界最多就像一个特例，只是从完美的整体切割出的一小块版图。我们本来是整体，但是我们竟然宁肯错过，宁愿把自己的身分从整体落到“我”，而成了一个弄错身分的个案。也就这样子，我们误以为自己可以从整体孤立出来，而随时得到一个与事实完全颠倒的印象、颠倒的认知。

我希望从这方面着手，看可不可以帮助你我做一个整合。

最后，我会用“个案”这两个字，还含着另外一层用意。

自古以来，真正、彻底参通的人，我会称之为“圣人”。他们参通什么？我指的是参通真实。这样的圣人，是少数再少数，我们也可以称为是一种稀有的特例。我总是期待，透过“全部生命系列”的作品，你我也可以突然成为这样的特例——从一个错觉的个案、弄错身分的个案，我们突然把意识打开，让所有矛盾全部消失。

这可能是我们这一生来最原初也是最终的目的。

引言

讲到真实，假如你跟着“全部生命系列”一起走到这里，而又可以接受这些作品所带来的讯息，我相信，你对真实的理解已经完全不同。

哪里不同？

你或许说不出来，也可能没办法和别人分享。虽然如此，你总是会认为自己知道这个世界好像不那么坚实了，而你这一生过去所接触的样样观念，跟你个人现在能体会到的，好像也都是颠倒。

我相信，你也可以认同，从“有”（doingness）的范围慢慢地进入“在”（beingness）的层面是相当不容易，更不用说我们还要试着用语言去表达。

在这个人间，我们透过“动”或“想”可以得到的，全都离不开一个局限的版图。我们却没有一个人想到——自己其实就含着永恒、无限大的全部。

确实，这永恒和无限大的全部，是我们透过“动”或“找”取得不来的。尽管它随时等着我们体会到它（我相信你也知道，连这种话最多还是比喻），我也一再强调这种体会非但是不费力，而且不可能是费力的，但我们还是会自我质疑，不敢相信自己这一生可能体会到它。

我多次提醒，这种体会（也就是我们这一生来最大的目的），最多只是一种心的转变、一个彻底的领悟，倒不是靠练习或是用功。而且，我们对真实的领悟，其实是一点都不费力。

假如你认同这一点，我相信你自然会好奇，为什么我还需要透过那么多作品来表达这么简单的观念？这么做，从表面来看，好像是在延续这些矛盾。

再怎么说，我总是期待，透过这些话，你可能突然对真实有所领略，稍稍看到一眼真相，而在这一生得到一个大的反省，甚至是彻底的转变。

但是要记得，看一眼真相、对真实有所领略，你的意识或许还会滑回局限的范围，而你还可能继续被人间的变化和挑战绑住。只是，这一次，也许会稍有不同。毕竟你曾经看见这条路，也有相对完整而妥当的基础，让你懂得透过“练习”或 *sādhana* 不断提醒自己。然而，提醒什么？最多也只是来提醒你本来就知道的。倒不是再透过更多的“动”，又把你带往其他面向的错觉。

我透过这本书，还想试着用另一个角度来补充“用话不可能补充的”一些观念。

这样的“补充”，有其必要。

我一再强调，我们无论采用哪一种灵性的法门，修行到最后，都离不开臣服与参。然而，不少朋友练习参或臣服时，一方面认为有相当的难度，没有办法投入；另一方面又听到我说，一般人没办法投入，不是因为难，而是因为太简单。这些说法，让他们感到相当无力。我才认为有必要从另一个完全不同的角度切入，看看能不能让我们一起真正投入臣服与参。

为了达到这个目的，我还是要从“我”谈起，而且从“我”着手。即使难免会重复过去所带出来的一些观念，但在这本书会更深入，希望能为你我带来一个彻底的整合。

我会提这些，也是为了之前没有接触过“全部生命系列”，而一开始就遇到这本书的朋友。我要提醒的是，不要因为这本书用字很简单，而让你认为自己已经完全读懂了。其实，这本书的深度和过去截然不同。我认为读者还是有必要回头接触前面的书籍和声音作品，才足以让这本书所讲的话沉入潜意识，而让我们可以随时用得上。

目录

1
我体、我结、我念，都还只是小我

我会用“我”作为书名，在这本书有时候会用I-entity（“我体”）/ I-complex（“我结”）/ I-thought（“我念”）这些词汇来补充，是因为这几个以“我”开头的概念，可以说含着解开一切的钥匙。

“全部生命系列”的一个中心理念，也就是——我们这一生可以体会到，更不用说看到、听到、闻到、感受到、尝到……全部都是一连串虚的念头。这些虚的念头，并不是偶然发生，而是跟这个身体完全分不开。

我们只要读过一般的科学，都知道，念头本身还是离不开电子的讯号，而这个讯号是从身体产生的。从这个角度，说“念头离不开这个身体”，是相当合理的说法。然而，让我们最难懂的是，就连身体也是念头成立的。假如没有念头，其实对我们没有什么身体的观念可谈。不光没有身体，甚至连周边的环境、这个世界、宇宙……一切的一切，也跟着从我们脑海里消失了。

讲更透彻，这个世界包括生命，是念头在脑海里组合起来的。过去，我一再强调“念头”“念相”“念境”，并不是为了标新立异。事实，就是如此。对我们而言，是念头组合起一切；一切，是有念头才有的。这一点，我们每一个人早晚都可以体验到，但也是透过头脑最难懂的。

这方面的理解为什么最难懂？一个比较大的阻碍，也就是我们随时认为这个世界，包括这个身体、其他人的身体、其他的东西和生命，都好像有一个不曾中断过的连续性。透过这种表面上的连续性，我们自然会认为样样不光是真的，还是坚实的。

这种理解上的阻碍，背后的原因其实很清楚。就像下面这张图，我们的五官（其实不只这五个感官，只是我们自己不知道其他感官的存在）是透过电子讯号在体会周边。这些讯号的接收，多半是由某一个感官为主。也许是看，或许是听。举例来说，我们大多依赖眼睛的“看”来接收信息。这样的接收，时常和其他的感官交替重叠。此外，尽管我们很少察觉到，但讯号和讯号之间，当然不会是一直连续的，难免有空档。某一个感官有时也会休息，只是同时有其他的感官在替代。例如，耳朵的听，可以在眼睛看的空档作用。这么紧密的衔接甚至重叠，无形当中，让人觉得所体会到的讯号都是永久的，而自然让我们感受到周边环境是坚实的。

我们其实就是透过这个身体的角度在体会一切，衡量一切。每一件事、每一个现象，都要透过“我结”（I-complex）的过滤才产生关系。我们脑海记录下来的，并不是种种单一的现象（比如眼前的一朵花、一棵树、一个人、一片天空），而是样样透过跟个体“我”的互动关系所建立的体会。

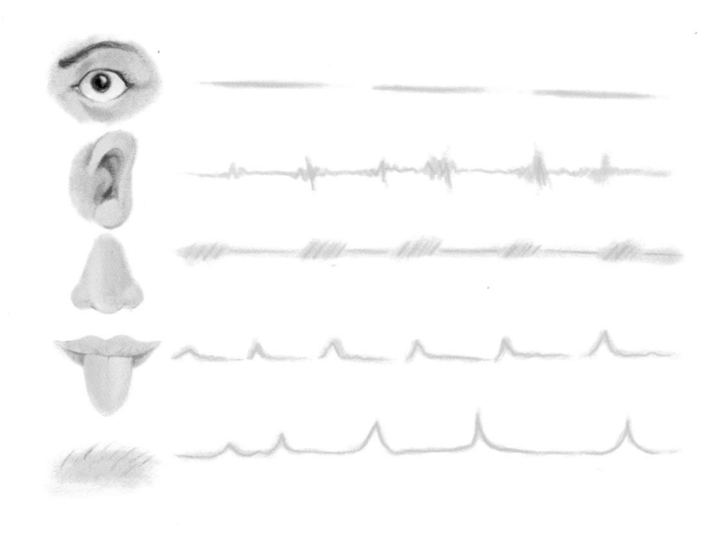

我们仔细去观察，一般所谓的客观现实，其实是经过我们主观的意识，把它变成客观。任何东西的客观，是已经老早被我们的主观给测量过、衡量过、比较过，才可以在脑海里取得一个意思。可以说，这客观的世界，根本就是透过我们主观的评估才建立的，它本身并没有一个客观存在的机制，并不是真正的存在。任何“好像存在的”客体，其实都是从我们的主观延伸出来的。

最让人想不到的是，就这么简单的事实，我们每个人竟然随时都会忘记。

说到底，站在“全部生命系列”的角度来看，客观的现实其实只是虚拟的信息，反过来，是主观的意识才含着一切的真相。这一点，和世人所认定的，刚刚好又是颠倒。

五官再加上念头的运作，自然会带给我们一个印象——样样都在不停地动、永远在动，而让我们随时透过“动”得出一种体验（我们自然会称为“发生”“得到”“成为”“抵达”“完成”“突破”）。

至于本来不存在、最多只是一种念头体的“我”（I-entity），反而成为了背景，在一切背后默默运作。

“我”虽然只是不存在的念头体，但是，站在我们头脑的架构，它也就是我们这个身心所认为的真实（包括这个世界）的起点。我们会认为它的存在是理所当然，而自然随时得出一个假设——假设这个“我”是再真实不过的。接下来，我们全部的注意力都摆到前景，摆到眼前的发生。我们也就自然忽略掉“我”始终在背景里不断地知觉，不断地作用。

虽然这个“我”落到背景去运作，不被我们注意到，但从另外一个角度，它反而活了起来，甚至让我们把自己等同于“我”这个知觉者。甚至，我们一般人所认为的主体或“我”，指的其实不光是这个知觉者，更包含了它跟周边被知觉到的客体来来回回不断的互动。就像这一张图所画的，我们要认识一张单纯的椅子，在透过五官去看、去体会它、去接收信息的同时，也已经在脑海里透过想、归纳、整理……建立起“我”（主体）和这张椅子（客体）的种种关系。可以说，我们对“我”的认识，是透过这样“主体–客体”的互动（其实就是二元对立的作用）才被建立了起来。

我们再仔细观察，这样的“我”并不是独立的存在。它本身，还要依赖与种种客体的互动，才可以得到它自认为独一无二的身分。但是，我们平常观察不到这种“主体–客体”的互动。因为互动随时在发生，速度太快，而且彼此重叠。无形间，透过这些随时在运作的互动，我们从中得出一种“个体性”的观念。我们会认为这个主体、这个知觉者是独特的，非但跟眼前的客体是分开的，而且它本身还有个独立的生命。

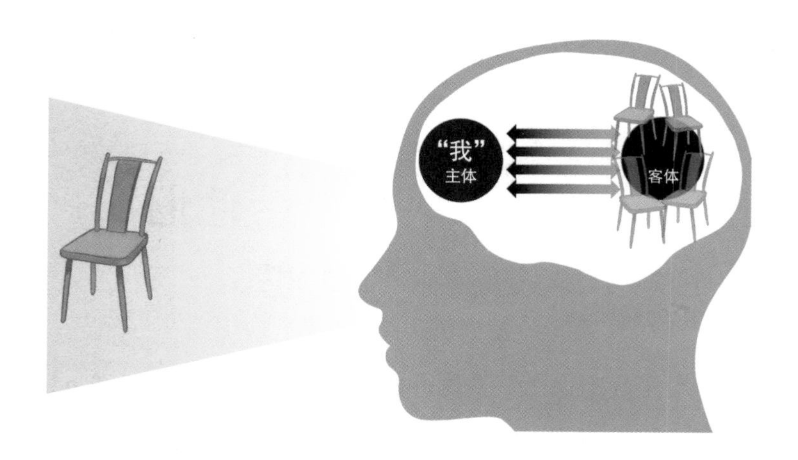

此外，人类记忆和联想的能力，比任何生命都更强烈。是透过记忆和联想的整合，我们才有所谓人类的智力。这种智力，自然会延伸五官知觉造出来的连续性，甚至加倍强化这种连续性。让我们认定过去、未来和现在是一样的真实，是真正存在同一个轴线上的三个点，而不只是头脑虚构的作业。

从这样的角度来看，我们也自然会发现人类的智力最多只是强化一种错觉，也就是把一个不存在的、念头制造的“我”变成真的。不光给它生命，还给它一种实质，让我们好像可以摸得到、感受到、看到、闻到，而透过我们的感受和体验，再进一步强化它的存在。

前面也提到，这种表面上的实质性或坚实感，也自然产生一个很有趣的现象——“个体性”。对我们每一个人，“我结”“我体”不光存在，它还是独立的存在，跟其他的“你”“他”“植物”“动物”是有区隔的。这样的机制，不光建立起一个虚的“我”，同时还建立一个虚的“你”、虚的“他”、虚的“东西”、虚的“世界”。这一切，都是从“我”延伸出来的。

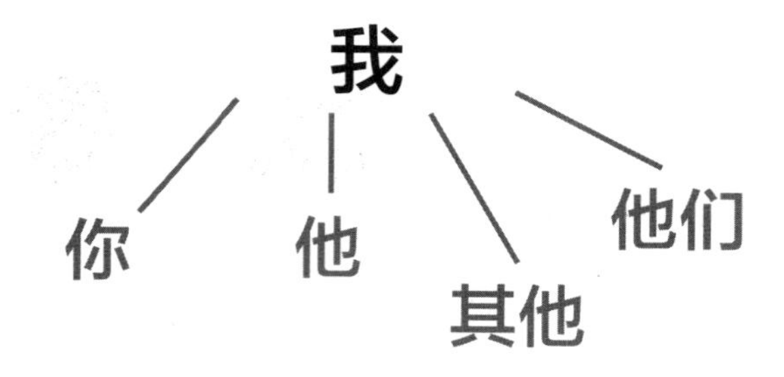

我们不仅认为这个“个体性的假设”（presumption of individuality）是真的，还相信这个身体是真的，而且认为这个身体本身就是局限，是有限制的。也就这样子，我们把自己也跟着限制了，就算想要自由，一样还是在这个身体的范围内强化这种个体性和限制。我过去才会不断提醒大家，其实没有什么自由意志。这种自由，本身最多只是一种错觉，无谓地在这个虚的架构上做一个更深的隔离，让这个虚构的体好像显得更真实。

我同时也强调，人类唯一的自由，是从这个错觉的世界回转到心，而同时体会只有心存在。然而，就连这几句话其实还只是比喻。毕竟，并不是“我”想自由就自由。想自由的这个“我”根本不存在，“自由”作为一个客体也不存在，之间的过程也是虚构的。事实是：我们本来就是自由。只是我们认为自己不自由，而还有一个“想要自由”可以表达。

到头来，这个世界终究是念头在我们脑海里产生的，本身是虚构，并没有一个独立存在或自主的本质。一切，全是从我们主观的意识延伸出来。我在前面也提过，就连世人认定客观存在的现实，最多只是反映我们或“我”主观的意识。在这样的世界，要讲自由，不光是多余，本身更是不可能。

反过来，只有真实或心，才是真的，才存在。选择它，回到它，才是通往真实唯一一条不费力的路。

借用我在《神圣的你》曾经用过的比喻，小溪，早晚会流到河，而河一样地，自然会流向大海——就好像我们落回到意识海。对小溪与河，流向大海是唯一一个不费力的发生。甚至，不费力到一个地步，连称它是一种“选择”或“自由的选择”都是多余的。

我们每一个人，也只是如此。

假如“我”消失了，其他的一切，包括你、他、全世界，也就跟着从脑海里消失。剩下的，不是一般人所认为的“没有”或“空”，反而是含着一切——包括“有”、包括“空”——的整体（我们在这里最多是勉强称它为一体）。回到一体，就像小溪流向大海，远远不费力，而这是真正的自由。

这些话，已经足以代表全部主要宗教和灵性追求的体会。其实，每一个法门走到最后，都离不开这几句话。

再讲得更透彻，真正的关键是个体性回到整体。但是，这并不是透过动（想、追求、理解、得到）可以完成的。这些“动”，本身还是带来某一个层面的阻碍，或最多不断强化“我”延伸出来的个体性，让我们把一种虚幻的状态或虚构的体（“我体”）当作真的，而同时还让我们产生一种误解，认为要把这个虚的体处理掉，我们才可以回到意识海。

再进一步深入，个体性回到整体，倒不是个体性会失去作用。其实它该做什么，还是会继续做、继续想、继续动。只是，已经没有一个主体“我”在领导、掌控或体会这一切的动。这是唯一的差别。

是这样，我才会说“我”含着解开人间的钥匙，也可以说“我”

是全部烦恼的根源。这些话不是理论，而是让我们在生活中可以着手的切入点。

过去，我常常听到有人说修行是为了要领悟到“无我”和“无法”。但我必须坦白说，从我个人的角度来看，其实只需要领悟到“无我”，谈“无法”是多余的。

一旦没有“我”、消失“我”，任何法的理解，也自然跟着消失。既然如此，我们要回到心，回到真实，活出一体，倒不是从“法”或“理解”去着手。法和观念、理解，其实已经在“我”作用的下游；是透过“我”，才有它们。这一来，透过消失“法”，想去得到什么理解来进一步消失“我”，是不可能的。

“我”一消失（而这个消失，比任何人想的都更简单），一个人不需要再去追求观念的转变或是消失其他的道理（包括法）。毕竟任何观念和道理，全是透过“我”建立的——透过虚构的“我”，建立虚构的“法”。没有“我”的支持，“法”自然会消失。

为什么我要强调这一点？因为一般人都把注意力集中在“我”的下游，想要透过理解什么、得到什么、练习什么、架构什么、教什么、学什么……来进行。也就这样子，一切的修行还是头脑的作业，非但耽误许多时间，还不必要地费力。

透过“全部生命系列”和这本书，我要强调的是，唯一的一个“体”值得我们去着手的，反而也只是“我”。“我”是全部相对意识的根源，可以说是我们通往解脱或真实的门户。

怎么去追求“无我”？这是我接下来想谈的。然而，我还是要一再地提醒——消失“我”，比大家想的更简单，甚至是不费力的简单。这一切，正因为它本身是虚的，我们才敢这么地肯定。

2

从一个相对局限的“我”进入无限大的绝对，是不可能的

假如你对第1章所表达的重点，非但完全不惊讶，都可以听懂，甚至能够活出来，你自然会发现所有的追求、所有的学习、所有的努力都是多余。你这一生，到这里其实也告了一个段落。接着要怎么“做”，你也不会再在意，最多只是让生命带着走。

但是，比较可能的是，你好像有时候懂，有时候不懂。甚至，就算懂，还是活不出来。读完书、听完读书会，下一个瞬间，你的行为马上违反刚刚才读到、听到、所感动的理解。这样子，最多只能说是表面懂，而且只懂了很短的时间，或是只有一点领略。坦白说，这个懂，并没有落到生活。

更可能的情况是，大多数的朋友读这些话是完全不懂，甚至认为不理性，还需要逻辑上的论述或采用一些练习来辅助。

有意思的是，无论是哪一类朋友，都可以在这本书（其实“全部生命系列”的作品都是一样）找到入手处。

有些朋友，读到这些话，不光完全认同，甚至被彻底点醒。他自然会发现“全部生命系列”所带来的讯息就像甘露一样。透过它，一个人自然可以进入一种很高或很深的生命场。

哪怕你觉得自己好像有时懂，有时不懂，我很有把握，不断地用不同角度重复同一个观念，会让这观念愈来愈深地沉淀在潜意识。就像水一滴滴落到杯子里，早晚会填满。一旦满了，水自然会流出来。流出来的水，这个比喻最多也只是在表达我们无限大的意识或绝对的意识迟早会占领、会接手，而早晚把小我吞掉或消失掉。

至于总是反映读不懂，但从人间的角度，其实是学习能力最强、最理性，同时质疑心也最重的朋友，我也很有把握，我用一般的语言，从科学、医学、心理学和常识的层面来阐述，再加上个人的验证，我们可以一起一步一步地带动意识的大转变，让本来只有聪明但还不成熟的一个体，变得成熟，而可以彻底回转，转回到心。

从这些话，你可能已经发现“我”和“心”是不同的意识轨道。

“我”或小我是代表局限，而“心”是站在无限大的全面。一个是相对，另一个是绝对，两者随时在重叠。然而，这并不代表两者可以相提并论。我们最多只能说小我是把一个完美而无限大的绝对，落在身心这个狭窄的范围里才突显出来的。

人间所有的语言、全部的观念只能从相对的角度出发。我们透过小我所创造的语言，是永远没办法找到或体会到整体的。它本身是用一个不同的机制来体验——是透过“没有头脑”才可以体验，透过“没有我”才可以体会。是不费力。是本来就有。

我们只要一用头脑去追求，无论多用心、多努力，只要还有一点点费力，反而是绝对找不到的。就算可以找到什么，这个能被找到的什么，本身其实还是无常。它是透过“动”和“条件”所组合的，会发生，早晚也只可能消逝。

可以说，人间的练习，无论多宝贵、多伟大、多完整，带来再深刻、再超常、再微细的意识状态，其实跟心完全不相关。

它，是练习不来的。

这些话，虽然我已经重复过不知道多少次，但我相信一般人透过局限的聪明还是听不懂。我们绝大多数的朋友还是会勉强自己去做些练习，立下数不完的追求，盼望着可以透过头脑去领悟。可惜，这本身或许就是你我最大的阻碍。

这么说，并不是我认为练习不重要。任何心灵的练习，当然重要。只是，它们的重要性跟你原本以为的可能不一样。

对我，练习只是为了把头脑一致化、同步化，让杂乱的脑波得到谐振，让我们可以安静与专注。就像下图所表达的，本来不断被各式样的客体（图中虚线的圆圈）吸引而注意力散乱的头脑，透过种种练习（包括静坐）专注在单一个客体上，不但可以慢下来，还能达到同步。

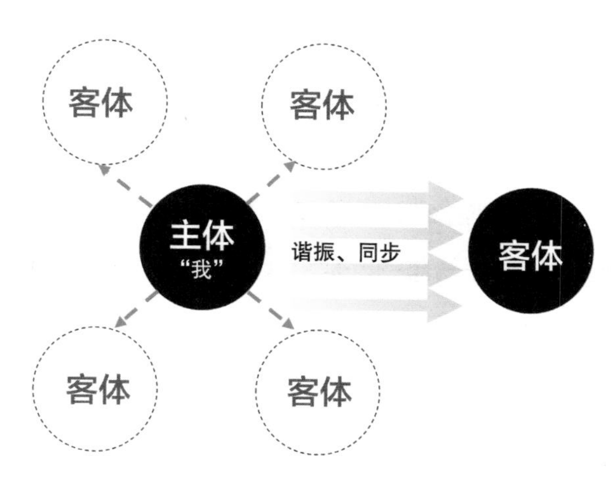

我们可以借用再下一张图的激光生成原理来比喻，原本杂乱的波动，达到谐振时，彼此变得一致而同步。能量非但不会相互抵消，还能够因为同步而彼此加成，达到不可思议大的能量。这种头脑的同步，不光让我们静下来，还同时让我们进入心流（flow）的状态。过去我也强调，人类最大的突破，包括一般人难以想象的突破，全都是从心流的状态延伸出来的。

一个人假如不能静下来，身心没有合一，要谈更深层面的意识转变，其实是不可能的。因为没有成熟的条件，而可能还要一次又一次地来，来学到这一点。

我在《静坐》和各个演讲中也鼓励大家进行静坐、瑜伽和各种练习，毕竟这些练习可以帮助我们达到谐振、同步与专一。然而，一个人即使懂得专注，也将这一生几十年全部投入练习，让自己静下来，却没有一点理解、领悟、智慧的基础，也是相当可惜。

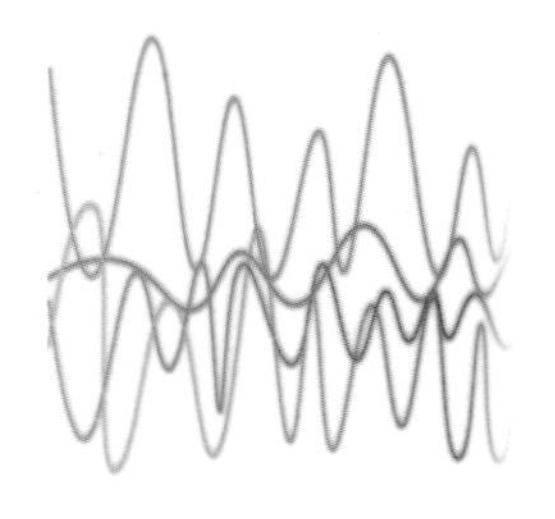

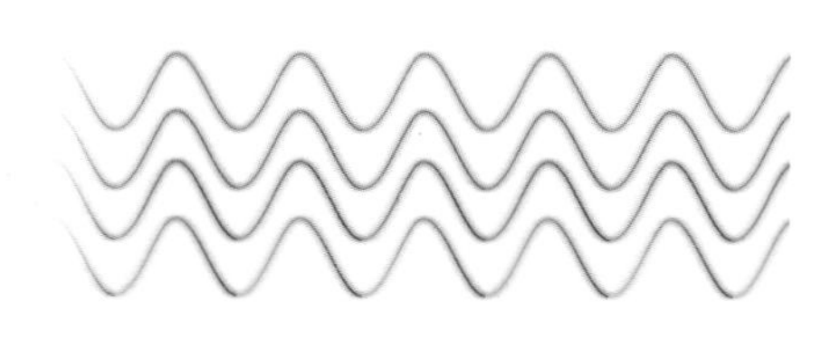

举例来说，“瑜伽”这两个字在梵文本来就是合一的意思。不过，我也要提醒大家——合一，是跟什么合一？过去，大家只是模糊地使用这些表达，并没有去思考合一什么。举例来说，我们一般人当然会说——喔，是跟一体合一。然而，我在这里要大胆地再一次提醒，我们透过练习，不可能领悟到真实；透过制约的条件，不可能走到无条件；透过相对的局限，不可能突然走到绝对的无限、一体。它延伸不过去。

我们再怎么在头脑、身心下功夫，头脑再怎么安静，一样是跳不过去的。透过“我”，透过这个身心的功课、作业、练习，跟一体是合一不来的。最多是我们把相对的限制挪开，绝对、一体、心才有空间浮出来、占领出来，化掉一切相对的局限。

我才会说，几乎所有修行的人的切入点都是错的。就好像还在期待自己透过练习可以去得到更深的领悟，可以找回心中本来就有、随时都有的真实。然而，这一点，是根本不可能的。

别忘了，头脑本身，是靠相对的机制（磨擦、比较、分别、想、体会、判断……）才有。我们要透过头脑本身的练习去消失它自己，就像古人会比喻成让小偷去当警察来抓小偷，这种策略是行不通的。头脑，消失不了它自己。它本身就是透过这些相对的机制，让我们得到生命是痛苦、是局限、是相对的印象。我们又怎么可能违反它本身存续的机制，要透过练习让它去消失它自己？这样的要求既不合理，也是不可能做到的。

让我再用一个比喻来说明：我们画一个圆圈，把里面的东西（包括自己）包起来，构成一个封闭的系统。是透过这个圆圈本身的分隔，我们才有一个内部的范围可以被观察到。就像这张图所表达的，我们在这个圆圈（世界）里会观察到房子、车子等等具体的东西，也能体会到自由、和平这类比较抽象的理念。然而，我们自己也是这个圆圈里的一部分，并没有一个机制去知道“这个圆圈消失了是什么”，体会不了这个圆圈（世界和人间）以外的一切。

我们全部观察的机制，都是在这一个封闭系统内建立的。它过去虚构的机制，就是让我们去体会到圆圈内的东西，而把圆圈内的东西当作全部。同一套机制，并没有办法让圆圈的内部和外部去互动或对照，更不用说让我们体会到圆圈外的一切。

这些观念，其实可以用数学的哥德尔定理来表达。虽然这个定理并没有办法完整涵盖“全部生命”的观念，但深入哲学思考的专家都可以明白它所指出的方法上的矛盾与限制是多么重要。尽管如此，我们一样不相信，一样认为这些道理很遥远，认为和自己的生活、生命完全不相关。

3

我们每一个人，都被“我”骗了

值得每个人去问的一个问题是：假如“我体”是一个虚的架构，为什么会让我们感觉那么真实？而且还让我们认为需要透过修行来把它消失？

其实，“我”可能是我们这一生来，最难解开的悖论。每一个人，都被它骗了。

我们人类的逻辑，是在一个局限的层面才可以运行。它是透过不断的比较和对照才可以运作，也才可以支持自己。假如不在一个相对的范围内进行对照，我们也不可能产生一个机制叫做逻辑，更没有一种特色叫做理性。

到这里，我相信我们都可以听懂，可以接受。

但我们通常不会想到，所有的比较和对照，都只是从一个点出发的结果。这个点，就是前面所讲的“我体”“我结”“我念”，也就是“我”。这个点，本来是以我们的身体为中心，而从这个身体衡量一切，进行比较。就这一点而言，人类和所有的动物其实没有两样。

从这个身体，我们也自然延伸出各种区隔，甚至隔离。就连小婴儿或动物，也可以突然懂得，自己这个身体和别的身体以及环境里的其他东西，好像有所区隔。这个身体会饿、会想休息、会不舒服，也就不断地建立“我”的观念，而这个“我”会强化身体的界线。透过不断定义这个界线，我们也不断强化这个个体性。只要谈到“我”，其实和身体的界线是分不开的。而周边的东西，更是要透过“我”的感触，才可以被衡量。“你”“他”，是透过“我”的比较才有的。这种种机制，让“个体性”愈来愈坚固，也就是认为“我”有一个体，而这个“我体”和别人的体是分开、是不同的。

我们再仔细观察，没有一个经验、没有一样我们可以体验、可以知觉到的，不是隐含着“我”。反过来，假如不是站在“我”的角度在想、在说、在动、在吃、在看、在体会、在休息，也没有经验好谈。

人类发育的过程，和动物的不同在于——人类不光可以建立“我”和周边的关系，而且随时有一个时间的观念，让人类不只有身体，还发展出一种更抽象的存在。

我们不只是一再地重复“过去”，也不停地把“过去”投射到“未来”，而竟然将“现在”变成这两个虚拟架构间的过渡状态，让我们随时都“不在”，随时都在“别的哪里”或“别的虚的境界”。我们没有想过——过去，最多只是念头；未来，更是要透过每一个瞬间所带来的现在，才可以点点滴滴活出来；甚至，就连这么一点一滴累积的未来，都一样是虚构的信息。

我们不知不觉建立了一个完整的虚拟实境，而人类的虚拟实境更是特别发达、特别复杂。现代人普遍觉得处处不适应、不对劲，这种感受，最多也只是隐约反映了我们内心对这个虚拟实境的观感。就好像我们内心深处其实知道眼前的现实是虚的，只是我们透过头脑和五官，始终不肯承认这个事实。

我们肯定了时间是真的，“我”的界线也从身体扩展到更深的层面，而被我们称为身心。接下来，身心、小我和个体性，根本分不开。也就这样子，我们随时体会到的现实，其实已经不是真正的现实，而是透过头脑的加工把它复杂化。我们想不到，透过我们认为理所当然的喜欢、讨厌、爱或不爱……竟然可以产生数不完的烦恼、委屈、难过和受伤。

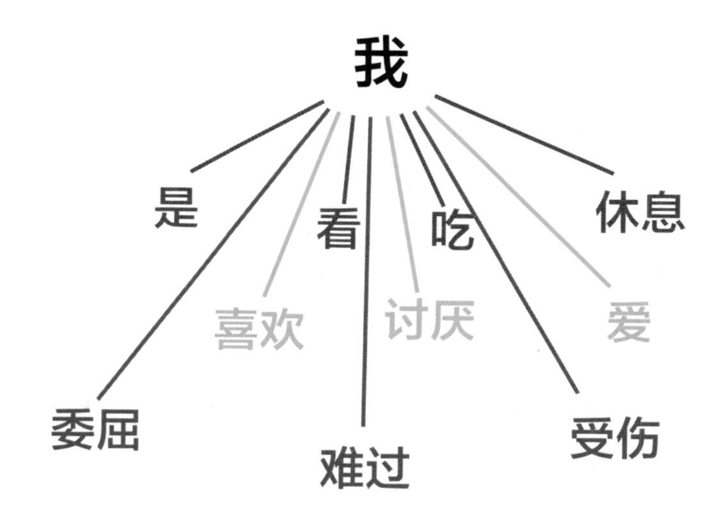

身心、小我和个体性变得分不开，“我体”不光活了起来，还可以投射到别的空间、别的哪里。甚至，它会拿当下正在进行的行为，来筹备或克服想象中的未来。这不是人类才有的本事，很多动物也有。举例来说，狗会把骨头埋起来，留着以后再吃；杀人鲸会教幼鲸猎食，用复杂的团队合作去围捕猎物。

这些演变，就像从一个身体非但延伸出一个虚的“我体”，还更进一步再从“我体”扩大出一个群体、社会体、民族体……这样的程序，也可以称为演化。我们自然会认为，这样的演化是理所当然的过程。不光“我体”被当作真的，还被赋予某种更广的角色，来强化竞争力，抬高地位，提升个体的生存。

在这样的前提下，我们很少停下来去观察“我”加工的机制（我通常用英文说 I-conversion; I-extension; I-distortion; I-possession，也就是透过“我”所加上的调整、延伸、扭曲、占领）。

“我”，就像是全部相对意识的“根”。从这个“我根”，延伸出我们这一生可以得到的全部认知。无论是一朵花、一颗石头、一个念头，甚或一个理想，乃至于领悟，其实都离不开“我根”。正是透过“我”的扭曲、加工、变化、错觉……种种机制，我们才把整体局限到一个范围，并且称这个小范围为人间或是人生。甚至，我们会认为这人生、人间是唯一的真实。

可惜的是，这个加工的机制，因为随时在建立自己（别忘了，全部的对照，都是随时和这个“我体”做比较）、随时在运作，我们反而体会不到它。

我们更不可能想到，就连看到别人（你、他）存不存在，也是靠“我”。没有“我”，其实也没有别人。当我们指出“你”“他”的时候，并没有注意到，这样的觉察已经是“我”在宣称这个“你”或是“他”。不光是透过“我”才观察到“你”或“他”，而还是透过“我”这个基准在衡量一切。你，是“我”的你。他，是“我”的他。

不只如此，就连别人的动作、行为、感受，还是靠“我”。他委屈、你受伤、她难过、他讨厌、她喜欢、它休息……还是透过“我”而有的。

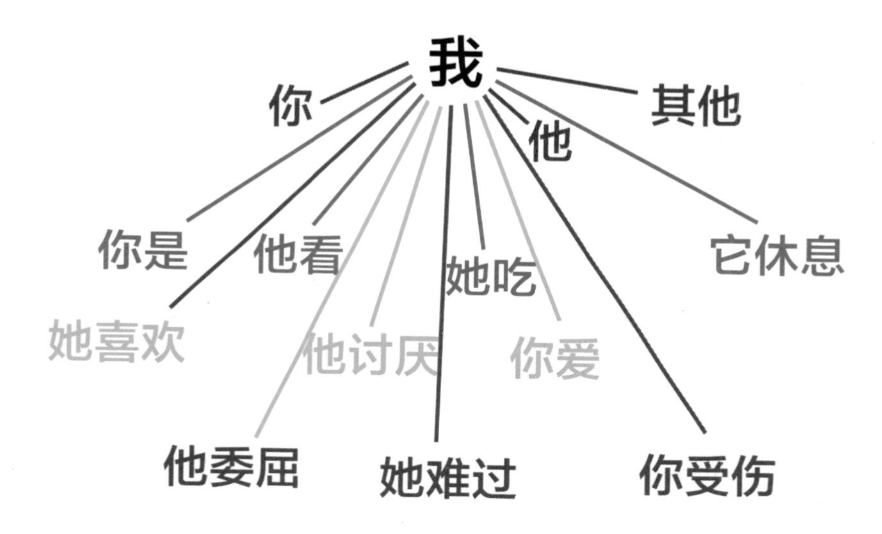

假如我们浓缩或简化人间所有的经验，包括这种有“你”有“我”的经验，一直往上游去追，简化到最后，还只剩下“我”。

怎么说？我会在后面的章节进一步说明。

4

其实，除了“我”，还有一个大我。然而，大我又是什么？

不光“我体”“我结”“我念”是虚的，就连“我”造出的个体性，也根本不存在。是这样，我们所看到、体会到的一切才会是无常，才会让我们感觉到万事万物都有生有死。一个东西，假如是永恒，假如是没有生没有死，那么，“我”的意识、逻辑（也就是头脑）反而是体会不了的。绝对、无限、永恒没办法落到一个点作为对照的基准，头脑无从比较，也就体会不来。

其实，无论头脑的运作变得多复杂或多微细，都离不开一个假设——“我”是真的，是真正存在。我们会认为真有个东西叫做“我”，而这个“我”是独立的，和周边是区隔开来的。透过“我”和周边的区隔，我们还会进一步认为有一个“动”——有追求、有练习、有用功。而这一切，都被认为是真的。

无论我们有什么念头、做任何行为，这个假设始终都存在。就连任何“练习”（包括静坐）在帮我们把念头降下来的同时，也可能会强化“我”、强化“个体性”，继续建立“主体–动–客体”二元对立的关系。毕竟，这个过程确实存在着“我”的假设——有一个人在动、有一个动作。延续着这个假设，我们练习的同时，也不知不觉继续认为这一切都是真的。

对我们，“我”本身已经成为一个理所当然的前提。要去取消它，我们会认为相当不容易。“我”已经被我们认为是一种真的东西。甚至，我们会认为如果要让“我”断根，还需要产生一个额外的动作（叫做修行，或其他的作业）才能达成。而且，我们还会认为，把“我”消失，那么“我”的生命也就不存在，而这一生也会跟着消失。

然而，这个假设，其实不容易被看到。一个人即使经过几十年的修行，倘若没有一个完整的基础，最多是在静坐和各种灵修体会到主体（“我”）和客体（所体验的对象）合一，明白两者其实没有分别。但是，回到生活，他还是没办法在点点滴滴的经验里看穿这种“个体性的假设”。不光如此，他可能还透过修行，反而更强化个体性，认为自己有一个更深的理解或领悟可以和别人区隔。

这种个体性的假设，不光在我们的每一个念头都存在，我们其实可以把它当作全部念头的根。在全部念头发生前，就有。可以说，个体性（“我”）本身就是头脑（mind），两者是不可分的一体两面。头脑一动，自然产生个体性。头脑的二元对立一启动，它自然要去看到、知觉到、觉察到一个对象、一个客体。在这个过程，它的主体性、个体性也就浮出来了。

这种个体性的假设，是所有念头的共同性。这个事实，也带来一把钥匙，让我们可以着手。

我

念头，无论多粗糙、多微细，其实都有这个共同性。这个共同的个体性的假设，也就成为我们可以着手的点。至于念头的内容是好是坏、是善是恶、是粗糙是微细、有什么意义、要怎么把它转过来……这些议题，都是从这个个体性的假设衍生出来的。我们可以说各种念头，都已经在这个假设作用的下游，而且是追究不完的。包括一般人修行所关心的——静坐带来的各种境界、身心舒不舒服、腿麻不麻、意识状态的变化……一样全都落在这个假设的下游。光是讲究这些，本身并不足以消除这个个体性的假设的作用。

然而，其实有一个更简单的工具，比我们想象的都简单，而且还随时在等着我们，这就是我在这本书想说明的。

我们平常不光意识不到这种个体性的假设，更忽略了一个重点——也就是在任何念头之前，甚至在任何假设之前，其实还有一个体。

前一章提到，任何经验浓缩到最后，都只是“我”；而人间的任何经验，也都可以表达成“主体－动（体会）－客体”。如果我们把“我”这个体当作主体；一切“我体”可以体会、可以捕捉到的现象，都是客体；念头或任何行动，最多只是作为“我体”和客体之间的连结。这一来，我们一路往上游去追，自然会发现，到源头只剩下一个主体“我”。

让我再借用一个比喻，最后的这个主体“我”就像以下这张图画的树根，而这棵树的点点滴滴，无论是茎、叶、花、果，都是从这个根延伸出来的。甚至，连茎、叶、花、果所需要的水分和地里头的养分，都是从根输送上去的。

这个最后的主体“我”，是人间所有相对意识的根源。除了人

宇宙
意思
人生目的
受害
理想
戏剧
人生
故事
感受
东西
观念
你
他 / 她
它
我

间这个源头的“我”，我们不可能再往前推。它本身就是我们人间意识的出发点，是相对意识的原点。

这个相对意识的原点、最源头的“我”，为了区隔，我在这里称为“大我”。

和前面提到的小我或“我体”不一样的是，这个相对意识源头的“我”或大我还没有启发“我体”的作用。要启发“我体”二元对立的作用，这个大我需要体会到一个“体”（任何客体，比如说自己、你、他、其他的东西），而需要有一个连结的程序。这个连结的程序，通常是透过动力（比如想、念或知觉）才可以把一个完整的主－客联盟建立起来。

只要建立“主体－动－客体”这个二元对立的关系，这个大我也自然就把自己的身分投入到眼前的客体，而成了小我。接下来，“我”也就拿客体来衡量自己不存在的个体性，继续强化自己的隔离，带出和其他身分的区别，成为一个孤立的“我”。

然而，大我如果没有发挥作用，我们怎么可能体会到它？我们想不到的是，其实它是透过一种“觉”、一种灵感、感受或一个微细的存有或存在的肯定（certainty of existence）才让我们可以体会到。

我们再仔细观察，存在，倒不是透过头脑的理解或头脑的任何作用，也不是透过一般的经验让我们体会到它。别忘了，只要头脑一动，把一个经验明确地描述出来，其实，我们已经落回“主体－动－客体”的二元对立，又跟“我体”和“小我”分不开了。

这个大我，最多只是我们在人间可以想象的最源头。它本身是我们“还没有客体化的主体”。我们可以试着用图画来表达，图的上方，代表我们人类所有相对意识的出发点——大我。相对地，小我，在这里用黑色的圆指出一个箭头来描述。透过小我，我们已经把一个最源头的身分，落在主体和客体之间的互动。透过这种互动，延伸出一个身心的身分。同时，也让我们认为身心是真的。

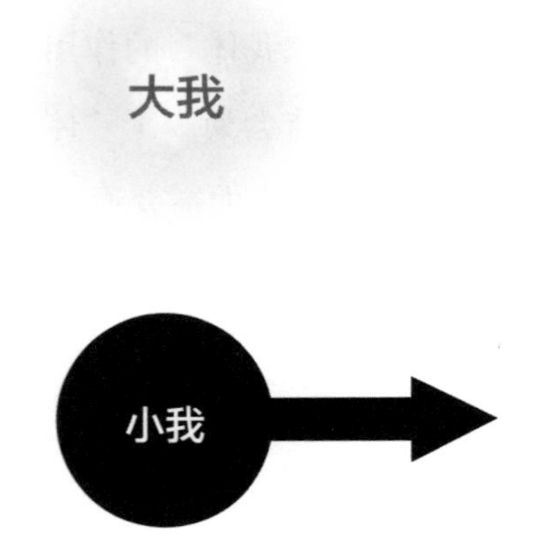

当然，严谨的读者会发现这种表达也不正确。上面的出发点，其实是一个不存在的点。假如要勉强用一个点来表达，它最多是一个意外的点（point of anomaly）或奇点（singularity），也就是在这个人间还没有启发任何作用的点。

大我，是我们每一个人相对意识共同的原点。它不能再缩减，是我们信息场（informatics field）最基本的数据单位。我们也可以称它为 universal-I、cosmic-I 或 primordial-I，也就是一个共同的、宇宙的、源头的“我”。

你或许还记得我说过“我－在”（I-Am 或“我－是”）是主的身分。但是，严格讲，从我们这个身心其实没办法体会到绝对或无限的一体，那是跨不过去的。我们透过“我－在”所能体会到的，最多是相对意识的起点、人间最源头的主体或大我。而透过这个共同、宇宙、源头的“我”或大我，也就反映出一般人心目中主、神的观念。

然而，主、神——其实是永恒，是绝对，是无限。它并不需要声明或主张自己在哪里、是谁、是什么。它也不需要是大我。它不可能有哪一种我们可以描述的特质。它最多只是自由的存在。甚至，它不需要创造任何东西，更不用说它还有什么意念或欲望想完成什么。它最多只是轻松、不费力地存在。

是这样，我才会用“It is.”“就是”“就在”“在”来表达它。

最不可思议的是，我们、一切（包括众生、非众生）也就是它，从来没有跟它分手过。只是，我们透过二元对立，化出来一个“我”的身分，让我们和自己的肉体与延伸出来的身心分不开。也就这样子，不只孤立了自己，还随时把它忘记了。

前面提过，我们从相对，不可能延伸到绝对。绝对的观念，是人类描述不了的。在相对世界唯一一个比较接近这个观念的体，还是大我。严格讲，主、神是超越大我。但是，我们体验不到。人所体验到的，最多是透过大我的观念，自然建立一个桥梁，而体会到一般概念里的主、神。从我的角度，两者可以说是相通的。

大我，毕竟还是落在相对意识的范围，是一个离不开“我”或“我体”的起点，但是，它对我们又同时是一个门户——相对和绝对意识之间的门户。要透过它，我们才可能体会到绝对。你可能记得耶稣在《路加福音 17:21》说过“神的国就在你们心里（The kingdom of God is within you.）”。而我过去也是这么表达——主、神，就在我们内心，而我们随时都可以体会到它；但是，倒不是用我们想、做、成为或任何行动（学习、修行）可以领悟到它。

是这样，我才会把握各种机会，带领大家随时做“我－在”的练习，也鼓励每一个人在睡前或早上一醒来就做这个练习。透过练习，我们一再地重复“我－在”，也就是主张、声明我们的身分其实是主、是神、是绝对、是无限。透过这样的声明，我们也就一再地回到大我，这个相对意识的源头、绝对的门户。然而，只要一把注意力落到了“我在－这里”“我在－那里”“我是－这”“我是－那”，也就又把自己的身分落到了小我。

大我，是我们或人间一切最根源的主体，或说相对意识的原点。它本身在任何动和观察之前就存在，而让我们通常认为自己看不到它。但有意思的是，我们每一个人随时都可以回到大我。

比如说，无梦深睡的时候，它在，只是我们没有任何念头或“我”可以谈它。从睡眠中醒来后，我们自然知道自己还是存在，甚至一天下来都知道这个身心存在，但我们不会认为需要去描述什么东西存在，在哪里存在，为谁存在。我们最多是在心中默默地有一种存有的感受或感触。

进一步讲，我们一般并不需要去证明自己是活的，也不会认为有必要跟自己或别人声明“我是存有的”“我是活着的”。就好像不透过脑海，我们在某个可能更深的层面，早就知道自己是存在的，而这个特质倒不需要别的东西去描述或是去补充。它本身好像有个独立的地位。我们一天下来，随时都可以体会到它。

然而，话说回来，我们无梦深睡的时候，既然没有任何知觉或感受好谈，而是要醒过来后才知道。那么，就连这种存有的感受，本身还是离不开“我”。我们只能说，它在一个更扩大的层面，无法描述，最多可以称为大我，也就是人间最根源的主体。它还没有产生去抓一个客体的作用，我才会说它是在任何客体或动的前面。

再换一个方式来说，大我和其他的观念没有一个连结。用“主体－客体”的架构来说，也就是只有主体，主体到底，而没有其他观念可以和它连结起来。它是我们最理所当然的存在，而我们每一个人其实都可以体会到它。只是因为没有观念、没有客体去连结，我们当然没办法透过头脑去描述、去表达、去想它，才会认为它很抽象、很遥远。

这本书想表达的是，人类的一切意识，竟然都是从“我”的根延伸出来的。这么一来，守住这个“我根”——大我，当然也就含着打开真实之谜的钥匙。

我们要解答真实，是往念头的上游或根源回转，也就是从这一章一开始就提到的共同的个体性的假设着手，最多是回到还没有启发二元对立作用的大我，倒不是在“我”的下游或末梢去寻、去找、去解释。比如说，得到真实，并不是透过心理治疗去修正一个人的行为、追究梦的意义，也不是从某一个身体的姿势、哪一种功夫、某一个练习、某一种行为（例如人间所谓的菩萨道）去解开业力。这些作业，不光跟真实一点关系都没有，最多也只能算是这里所谈的下游或末梢。更别说这些运作，全部还是从“我”延伸出来的。

从这个角度来看，我们可以明白，一般人努力的方向，可以说完全和事实颠倒。

不只如此，我们再仔细去追察，也自然会发现，全部的念头和行为，都是从“我”出发。本身都还只是现象，没有什么绝对的代表性。尽管之前也稍稍提过，我在这里还是要再一次大胆地提出来，人间一般观念里的主、神、天堂、天使、佛、菩萨、地狱、鬼、灵体、高灵……全部都离不开"我"。一样地，都是从"我"延伸出来。甚至，连我们可以称为的领悟或顿悟，本身还是"我"的作用。

比如说，我们突然体会到一个不可思议大的领悟，也可能会认为这就是开悟。但是，这时值得问的是，是谁领悟到了？或是谁认为自己领悟到了？是谁，突然脱胎换骨？仔细去追察，一样地，全部离不开"我"。

当然，这个"我"可能是比较扩大的我，但不管怎么讲，还是"我"。

我们想不到的是，我们就是用 *netti netti*"不是这个，不是这个"否定一切。否定到最后，剩下来，可以领悟到的，还是"我"的一个层面。

这些话，可能是我们这一生最难懂的。我们要懂任何东西，一定要透过"我"才可以懂，包括"全部生命系列"所有的观念，还是透过"我"才可以理解，本身还是在一个相对的层面打转。

一不小心，我们也可能又让一个系统（可能就是一个很完整的系统，甚至就是"全部生命系列"的系统）给骗走，而又耽误很多时间在寻找一种不可能寻到的东西。

我才会说，我们沿着相对意识，往上游追溯到根源，最多也只能到大我这个门户。接下来，我们不可能透过脑，而可以跳过去（最不可思议的是，其实，也不用跳过去。这一点，我在这本书后半会解释清楚）。

虽然这么说，我认为透过前面的说明，已经带出一个很重要的提示——假如要一路走到底，"我根"本身就含着我们这一生想找而可以找到的全部答案。

我在“全部生命系列”不断地强调，要解开真实，就像下页图所表达的，无论面对多精彩的境界、多高的成就或没有成就、多好或多坏的理念、多积极的追求或不追求、多强烈的情绪、感受、念头，我们也只是回到这一切的根源，也就是集中在“我根”。

集中在“我根”，也就是一再地回到这个相对意识的原点，回到大我。这样的取向，是我过去提到，为了最成熟的修行者所带出来的方法。守住这一点，会为我们省下数不完的烦恼、数不尽的徒劳。

这些话，和臣服与参有什么关系，我会在这本书一点一点展开。

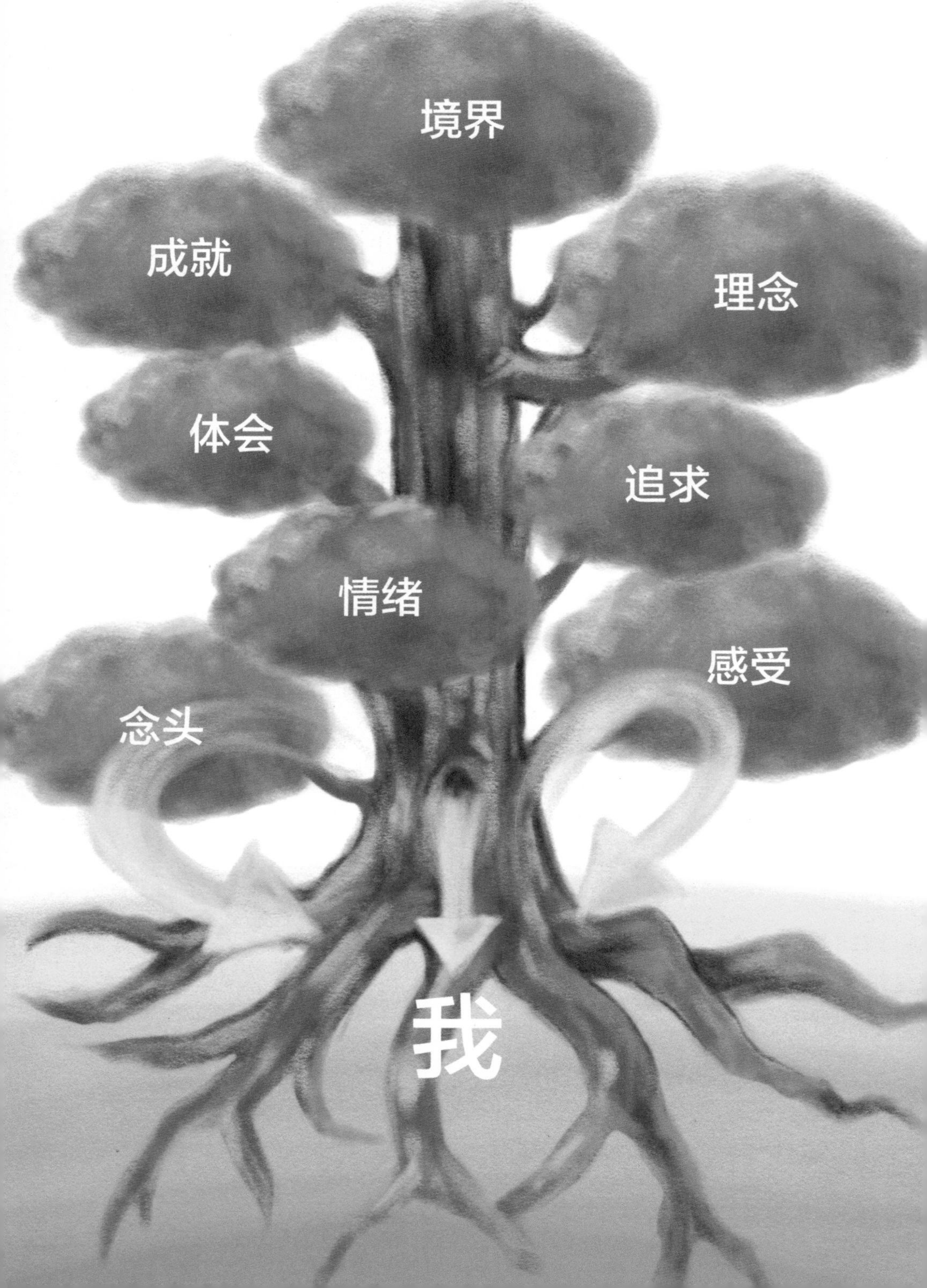

境界

成就

理念

体会

追求

情绪

感受

念头

我

5

一般人理解的参，最多还只是头脑理性的追求

到这里，我想再一次强调，我们每一个人的头脑的根，离不开“我”。而“我”和个体性也分不开。个体性，本身就含着“我”。两者都是头脑最基本的运作机制。

这一点，是过去所有大圣人都亲自体会到的。但是，这么重要的观念，已经被后人模糊化了。毕竟我们再努力或费力去理解这些话，其实还是透过“我”站在个体的角色，想取得它的意思。这一来，我们可以得到的任何意思或解释，还是离不开“我”。

相对地，过去所有大圣人也不断强调——真实，倒不是透过头脑，更不是“我”站在“个体”就足以体会。我们要验证真实，反而只是透过不费力的体验，而且是一种“不透过头脑”的直接体验。

这几句话，对我们一般人而言，一样也是最难懂的。而且，和参或以前人所谈的参禅、参话头、参公案又有什么关系？

禅，从佛陀的年代就有，在中国透过禅宗的“参”代代相传到

现在。在印度，后来由“不二论”（*Advaita Vedanta*）重新复兴起来。近代拉玛那•马哈希（Ramana Maharshi）透过弟子传出来的 *Ātma-vichāra* 或 Self-inquiry，有人译作“参究真我”或“探究真我”，但对我而言，其实就是“参”的方法——参的，不是话头、不是公案，而是本性。

我会把整个“全部生命”的观念透过各种作品带出来，原因之一是，多年来我发现，那么简单又那么重要的方法（而且，从我的角度，是一个人走到最后，唯一可以依靠的方法）已经让后人扭曲成另一种样子。

参，对后来的人，已经变成一种寻、一种找。透过修行，后人把参所用的“我是谁？”变成了一种纯粹智性的追求、一种头脑的游戏——用头脑不断地找一个答案。后来的禅宗，除了“我是谁？”更是留下许多话头（例如：念佛是谁？本来面目？拖死尸的是什么人？）让人去追求一个解答。

我遇过相当多修行的朋友，他们都希望在这方面可以得到一个答案。这些朋友经过多年的努力，从理论上可以明白这个答案应该不是理性的，并不是头脑可以得到的。但是，他们明知“做不到”，却还是离不开追求的观念，一样采用了完全透过头脑在运作的机制，还是想透过理性的头脑，去找到一个解释不来，甚至可以说是不理性的“心”或“道”。

同时，也有朋友可以明白，知道自己在找的答案和这一生过去所体验的全部都不同，而自然会采用前面提过的 *netti netti*“不是这个，不是那个，不是任何可以知觉、可以想象的”来面对任何眼前的现象。虽然我也在“全部生命系列”带出这个练习，希望帮助大家让头脑安静下来，甚至达到同步。但是，我必须提醒，光是透过否定一切 *netti netti*，走到最后，也走不到整体，回不到心。

别忘了，这个否定一切的体，还是离不开小我——是小我，在否定这个，否定那个。在否定的过程，小我还是在活跃地作用。走到最后，还是“我”的一部分。当然，这个 *netti netti* 还可能带着其他的作用。然而，这个作用也许和我们想象的不一样。我在后面，也会进一步说明。

讲这些，我想表达的是，我们这一生全部的理解，就连我们心目中最高的领悟，还是离不开“我”的范围。然而，我也要再一次强调，要解开人间这些表面上的矛盾，其实是比我们想象的更简单。

6
要体会真实，是不费力，而只可能是不费力

首先，我想再一次强调，任何跟头脑相关的作业，都是费力，包括否定一切的练习，包括任何其他的练习，都费力。只有活出心，是不费力。

这几句话，本身就是一个很重要的指南针，让我们可以衡量自己的理解是不是符合这几句话所反映的真实。

讲到这里，让我再一次用头脑的作用，来做一个比喻。我在《静坐》已经提出神经回路与习气的观念，而你也可能还记得这张图。一天下来，头脑就是不断地活出过去的回路，活出过去的习气。只有偶尔出现新的状况，会让它产生一条新的路径。但是，任何新的经验只要多重复几次，所带来的新路径也就成为神经回路的一部分。

我之前在《头脑的东西》也解释过，建立习惯或神经回路，让我们面对环境随时出现的要求，可以把费力的程度降到最低。举例来说，饮食、上洗手间、见人打招呼的习惯，都是利用本来设定好的回路在自动运作，而可以最低程度地消耗能量——让这些运作保持在背景作业，而使我们觉察不到。说到底，这种运作是为了确保我们的生存。可以说，头脑会采用神经回路的自动运作，是让我们把有限而宝贵的注意力摆到环境的变化，去留意以前没有遇过的刺激和挑战。然而，透过回路的运作，也自然组合出我们的性格、个性和行为模式，这就是古人称为的习气（*vāsanā*）。

这样的机制，让我们把没有太大危险性或安全顾虑的旧经验放开，让这些知觉和经验落到我们随时都有的背景。神经回路不光对我们肉体的生存有重要性，同时也透过在背景不断地自动运作，让我们随时得到一个印象，认为这个世界是真实、是一直都有的。举例来说，天空，本来不存在。但透过这样的运作，本来不存在的天空，也就变成了我们认为理所当然在头上有的一片天。

我们再仔细观察，虽然习惯的建立可以让费力降到最低，其实还是费力。只是这种费力是落在意识的比较底层，可以说是在潜意识的层面运作，让我们平常意识不到头脑还是一样在动，还是在作业。

我会提出这些观念是想表达，我们透过现有的回路，这一生已经老早建立一套对真实的理解或看法，也就是我们自己认为的真实。从我们睁眼醒来，到入睡前，甚至入睡之后，我们其实都在用同一些既有的神经回路在运作。这种限制，是我们通常意识不到的。

我们要体会自己，体会到周边，离不开既有的神经回路的作用。而这些神经回路本身是被制约的，是透过旧经验转出来的信号所建立的。这些信号储存在脑海的数据库里，头脑随时从里头取出新或旧的数据，再从这些数据导出可能的变化。无论是数据库的建档、里面储存的信号资料，全部都依赖过去的运作，也就是需要条件才能成立。这样建立起来的神经回路，不可能自己支持自己，自己验证自己，自己完成自己。它无法独立存在。

我们个体性的假设或“我根”，一样离不开这样的机制，无法独立存在。它的存在，也需要符合种种条件才有。既然需要依赖条件，它离不开条件的作用，也就可以生，可以死，有作用，会消失，是无常的。

费力和个体性，这两个观念其实和制约分不开。就算我们头脑平时的运作已经把费力的程度或能量的消耗降到最低，但是它只要运作，仍然不可能不费力。再进一步来说，“我”或我们头脑可以主导的全部作业，包括修行、静坐甚至领悟都还在某一个层面费力，而必然受到条件的限制。就这样，这些修行的作业，本身还是在一个相对的范围运作，而跟绝对所带来的真实，一点都不相关。

我在所有的作品都一再强调，要体会心，是比任何人想象的都更简单。甚至，是不费力的简单。这些话，并不是口号，也不是空话。

费力，是要有一个“体”来体验，才可以称得上费力。体验什么？体验种种的客体。再透过这些头脑的体验，不断地建立一个虚的“我”的身分，强化个体性。

我们仔细观察，就连静坐都离不开这种机制。

在静坐中，就像这张图所表达的，我们一样是透过主体（“我”），透过“动”（知觉），在守住一个客体（例如呼吸、持咒），而最后希望主体跟这个客体合一，得到古人所称的止或是定。然而，合一结束了，我们还是回到“我”的主体，还是离不开动，最多，只是得到一个短暂的宁静、欢喜，让头脑得到一个暂时的休息。接下来，头脑还得运作，还得主张它自己的个体性，而这个个体性可能比之前还更强烈。

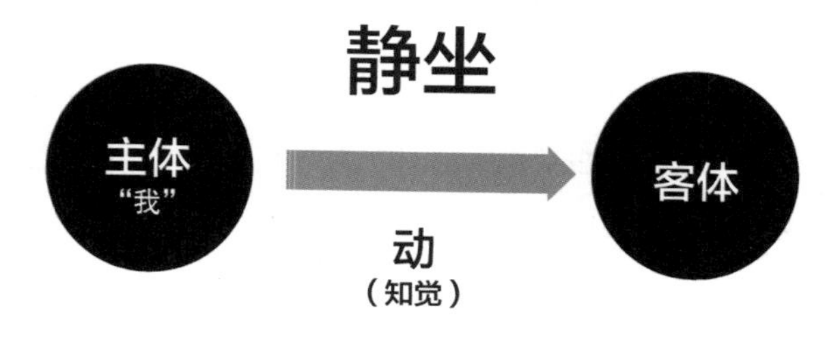

一个领悟，假如本来没有，后来才有，一定是费力；本来有，后来还可能没有，本身就是无常，也靠不住。一个东西是要费力才得到的，它一定站不住脚，而且早晚会自己消失，不可能不是无常。

我才不断地提醒大家，领悟，并不是透过“动”去取得的，它本来就存在，是不费力的存在。领悟，是我们本来就有的本性。我们还没有追求前就有，追求时有，追求后还是有，从来没有变过。从这个角度来看，我们想找的究竟的真实，一定是不费力、随时、老早、已经存在。

这么说，任何领悟，只要费力，我们反而可以判定——它本身不可能是究竟的真实。而任何追求，不可能不费力，也不可能让我们找到究竟的真实。

这个观念，就是这么简单，而且不可能推翻。最后，有意思的是，是小我认为一个东西费力或不费力。然而，站在整体，不光没有费力的观念，它其实没有任何观念。

我认为最可惜的是，我们每个人一面对修行，竟然都会把这么简单的重点给忘记。不只忘记了，还认为必须费力、用力、要透过功夫、累积成就才能取来。完全忽略了，只要费力，反而让我们的注意力离开了“我根”，离开了大我，又落到二元对立。

对我来说，修行最多只是把我们真正的身分找回来，而这个真正的身分竟然不是我们当作是自己的这个身心。站在这个角度来谈，修行其实才真正和我们的生命点点滴滴相关。甚至，它的迫切性是其他事不可能相比的。如果我们非要认为它遥不可及或甚至和自己不相关，这种想法才是一个大妄想。

一般人会认为修行很遥远，和自己的生活不相关。我要再提醒一次，也就是因为我们有“我”的观念、有一个“个体性”的存有、认为这个身体是真的。我们不光认为自己就是“人”这个身分，而且在人间还有一个角色或地位可谈，还可能需要完成“重要”或“有意义”的事。

可惜的是，几乎所有人都把虚构当作真实，而把真实当作虚幻。一切，都颠倒了。这本身，还是我们继续被一个虚构的人间、被一个虚构的身分带走。

一个人充分把人间看穿，会突然发现过去做什么——做这个，或做那个，无论做哪一个——其实没有不同，最多是表面上有差异。对这个社会或某种价值而言，好像还有重不重要的分别。然而，站在整体，其实都一样的。

一样地不重要。

一样地，跟真实不相关。

过去，就好像我们非要从一个其实是虚构的境界，找出一个好像很重大的意义不可，还认为自己扮演着看来很重要的角色。我们从来没有去体会——站在整体，没有一件事是重要，没有一件事是相关；而唯一重要的，最多是把自己真正的身分找回来。

然而，我还是要提醒，就连“唯一重要的，是把自己真正的身分找回来”这种话，也还是牵强的比喻。对整体而言，我们找不找回来自己的身分，其实都跟它不相关。走到最后，每个人还是会找回来，只是早晚的问题。

可以说，我们现在还在辩论、还在探讨的这些话，全部一样是大妄想。这才是一个比较接近事实的说法。其他再多的话、探讨、追求，还只是在虚幻里打转，最多在虚构的境界建立一套虚的逻辑、虚的系统，而早晚自己会消失。

这些话，即使我们都可以接受，而我们也知道修行走到最后，真实是个不费力的领悟。它，是个没有头脑的体验。是不经过头脑的加工和处理，我们才能体会到它。但是，我们随时会忘记这些事实。头脑还是会去抓一点东西。

从这个角度来谈，我们做参和臣服，其实还是可以顺着头脑一定要抓点东西的机制来练习。当然，参和臣服作为一种练习，一开始难免有一点费力，但是我们熟练了，也就可以把费力降到最低。

然而，我在这本书更想强调的是，参和臣服，不光是一个练习，它本身就是我们想得到的答案。它不光是过程，它本身就是最终的结果。

参什么？臣服什么？参自己，臣服自己。

你看，这些话还会不会带来另外一层不需要的悖论？

7
解开修行的机制

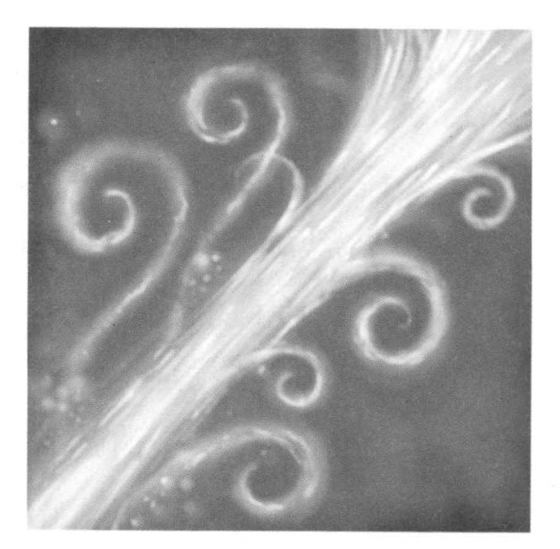

我相信，熟悉“全部生命系列”作品的读者，对这张图一定相当熟悉，知道我在《不合理的快乐》用从左下到右上的光流，来比喻一体无限的光明。而且，我相信你也知道，在整体，没有什么“流”“动”“光”或甚至“方向”。这些比喻，都还是“我”从“我念”演变而来的。但是，无论如何，还是让我先用这张图来表达。

你或许还记得，从这个光流分出很多支线。我在《定》把其中一个分支放大，除了表达相对怎么从无限大的绝对延伸出来，也表达了再怎么延伸，只是愈来愈局限。然而，你也可能还有印象，我

后来在《时间的陷阱》用下一张图来表达，在任何角落，绝对还是存在，而随时都有个出口，让我们可以跳出来，跟整体合一。

你到现在也应该知道，就连这些图画、这些描述最多还是比喻。再怎么讲延伸或出口，都只是相对、局限的语言，是我们头脑造出来的观念，本身一样是虚构的。但无论如何，在这里，还是让我们勉强继续沿用这个比喻。

我将你所熟悉的第一张图，再做一点变化。沿着每一个分支，就像我们的注意力跟着人间种种虚幻的现象和变化跑。现在，我们突然守住它，让它回转到念头的上游，而且是最上游的根源、相对意识的原点。我们让注意力轻轻松松反转回来，集中在念头的出发点，这本身才是参。

表面看来在问“我是谁？”的这个问题，最多也是引导我们到这个出发点，倒不是带着我们去找什么答案。别忘了，任何答案，其实和整体与真实都不相关，两者在不同的意识轨道。我们在人间可以问或可以答得出来的，都离不开相对；而真实，是绝对。前者受到局限，而后者是无限。从相对，是延伸不到绝对的。这一点，你可能听过我不知重复了多少次。但是，这就是我们每个人随时都在忘记的事实。

正确的参，这个方法可能跟你过去想象的“自己问，自己回答”很不一样。你也许会想问——那么，要怎么把注意力摆到前面、摆到念头最源头的点？就是知道要住在它、住在这个原点，我们又是透过什么机制可以体会？而可以确定自己做对了？

其实，这个答案我老早已经分享过。住在这个原点，也只是“我－在”。

我过去在各种场合，包括读书会，都是先进行“我－在”的练习，再带着大家来参——将每一个浮出来的念头，用“我是谁？”带回到念头之前的空档。可以说，假如参做对了，最多也只是把我们带到“我－在”的状态，回到大我。

我在这里可以再讲得更清楚一些。

我们用“我－在”的练习，一再地声明我们每一个人从来没有跟主、神分手过，而让头脑体会到“个体性”其实是一个虚构的观念，不再把它抓得那么紧。

“我－在”这两个字，本来是一个头脑的追求，是把自己提升，把一切交给主。做得熟了，到后来，我们也就不费力进入一种直觉或感受的层面。透过呼吸和重复地默念，我们已经从头脑的运作，

慢慢转到一个更深更大的感受或觉受的范围。

这个感受或觉受的场，比念头创出来的场远远更大。它会突然漫开来，就好像包住念头场，让我们减少甚至消失念头。即使还剩下一些念头，我们只要停留在这个觉受的场，自然会发现自己不受到头脑二元对立的影响。是这样，它才有那么大的作用。

我用这张图再表达一次，小我、头脑本来随时都在启发二元对立的作用，就像图的左边，好像随时出动“动”的箭头去抓、找、观察、体会、想……一个客体，这就是我们每个人的情况。然而，透过“我－在”，我们自然少动、少抓客体。头脑费力的程度降低，自然放松开来，扩大开来（我用中间比较淡、比较少箭头的小图来表达）。我们真正放松在没有二元对立作用的状态，也就像图右边表示的，自然产生一个更扩大、更深、更放松的生命场，温柔地环绕着“我”。这时候，二元对立的作用没有启发，只是一种轻轻松松的存在。

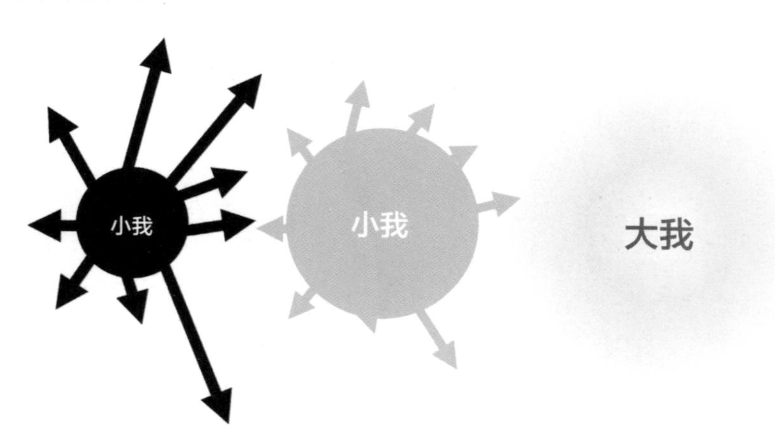

不知不觉，我们自然发现透过身心每一个层面都可以体会到“我－在”这两个字的作用，也就好像我们所体会到的现实渐渐扩大。

不光我们的肉体、身心，连全部宇宙都和我们合一。

也就这样子，重复“我－在”，自然带出一个全部存有、全部存在的体会。

而这种体会，已经不借用任何念头，最多我们只能用一种感受、直觉或灵感来形容。如果还要勉强去归纳它，我们最多只能说是剩下来一个主体、一个共同、宇宙、根源的我，也就是前面所说的大我。

我们长期投入它，自然发现它会把我们的注意吸收，就好像让我们从一个不存在的外在，不断转向一个真实的内心。而这样的回转，就像这张图左边第二个图示所表达的，一开始还有点勉强，有点费力。多练习几次，也就像右边第二个图示，我们不但更放松，而且更容易回转到心。到后来熟练了，就像最右边所表达的，自然愈来愈轻松，甚至变成不费力，而我们可以随时定住在它。

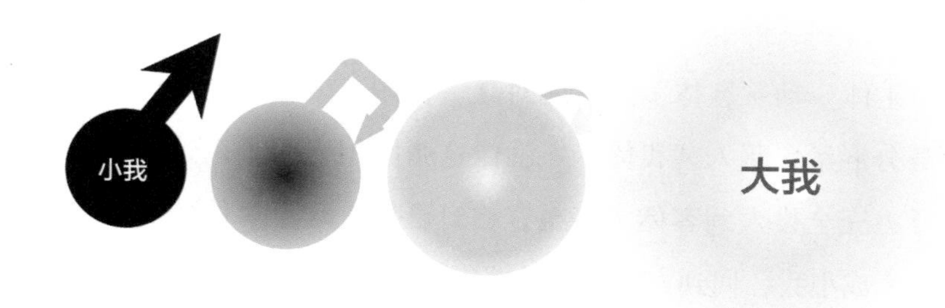

这一点，我相信每个人只要投入，自然能体会到。

回到“我－在”这个练习，当然，你现在已经明白，与其说练习，它更是一种提醒或反省。我们最多也只是在声明“我－在”这个理解，而让这个理解落在每一个角落，不光是在头脑知道，而更是透过呼吸、感受、知觉、觉受，甚至“没有头脑”去体会它。

最不可思议的是，任何人只要轻松地重复练习几次，也就自然可以体会到。

“我－在”本身是轻松把我们带回到主体，甚至把这个主体做一个隔离。为什么要回到主体？为什么要把主体隔离？因为这个主体一延伸出来，抓住一个客体，二元对立的作用就启发起来。

“主体－动－客体”的二元对立一作用，“我”也就自然把自己的身分混淆，落入“我体”。就像这张图用光照来表达的，我们的注意力完全投入到客体，甚至宣称自己拥有这个客体的所有权。大我就变成小我，回到人间相对的轨道。

然而，透过“我－在”把主体隔离起来，这个主体也就没办法启发“我体”的作用（它需要跟一个客体互动才可以主张自己），而“我体”自然就消失掉了。这个消失，是完全不费力的。

这个不费力的消失，倒不需要我们再加上任何消失或化解的意念。甚至，只要我们带来任何意念，或是为它套上任何观念，这时候，小我其实已经在发挥作用。它已经抓住了一个对象、一个客体。

这几句话，含着修行最珍贵的宝藏。从我个人的角度，是完全科学的。一个人只要有耐心去尝试，自然就可以验证。

值得注意的是，我在这里最多是用“大我”来代表人间一切的源头，是相对意识最根源的主体。参，就像这张图，把注意力的光带回到“我”。一切，都回到“我”。到头来，也只是一个最基本、没有和任何客体产生连结的“我”——大我。我们只是轻轻松松把注意力带回到大我，带回到这个原点、最根源的主体。这个原点，本来就是最轻松、不费力、最稳定的点。

参，最多也只是让我们不费力地滑回原点。

讲个更透彻，前面提到站在相对意识的根源，或人间最根源的主体，我们可以不费力做一个隔离，而接下来可以轻松守住它，定在它，享受它，小我或“我体”的作用自然会消失。

消失了，还剩下什么？剩下的，就是大我。

我们停留在大我，是最轻松、最不费力。这时候，个体性好像被略过了。我们的念头起不来。我们只是轻轻松松地在，不费力地在，自在。倒不是在哪里，也不需要去觉察什么或知道什么，只是轻轻松松住在“在”，停留在“觉”，停留在“知”。

停留在大我，不光是完全不费力，其实，只要带一点费力、努力的观念，还有那么一点点追求的目的或得到的期待，本来轻松不费力的“在”，反而延伸出一个不必要的机制。原本单纯的“在，只是为在”，也就突然变成“在哪里”“去哪里”“可以得到什么”“有什么目的”“满足什么期待”。这样子，光是透过一个念头，我们就落回到人间的二元对立。不知不觉，也就忘记自己真正的身分。

让我再强调一次，停留在大我，不光是不费力，而且只能不费力。假如费力，本来活出的自在，也就突然消失；而个体性又浮了出来。

停留在大我，其实是最轻松、最温和、最不费力的方法。这个方法，不像静坐要勉强把注意力放到某一个客体，反而只是回到我们本来就是的状态。

这个方法，不是压抑念头。压抑念头，其实没有用，念头还会再回来。这个方法，只是轻轻松松交给自己的主体，本来就有的主体。

停留在大我，这个方法的重点更不是去“想”大我、我根。“想”，一样没有用。想，本身就是二元对立的机制。去想，这本身就在强化“我”。住在大我，倒不是用念头去“想”，而是承担它。

我担心，这一点，如果没有讲清楚，很多朋友会以为是用意念去想大我，而又把大我变成一个二元对立作用的客体。

是这样，参的作法才会是——先透过“我是谁？”让我们不知不觉退到大我。到这个时候，虽然还是“我”，但已经不是小我。

到这里，其实也不需要做一个见证者。过去讲见证，还是多了一层。见证，本身还是离不开“主体－动－客体”的架构，本身还是一个主体在看到一个或多个客体，一样还是动。

我们能“做”的，最多也只是轻轻松松地承担它。

我过去也常提醒几位好朋友：不需要去想“在”，不要去想“在哪里”或可能“去哪里”。“在”不是用想的。

“在”，最多也只是——你就是。

不需要去想在或不在，你就是。

你完全可以直接体验生命，不需要再经过一层“想”的过滤。你不需要去想“在”“心”“大我”“在哪里”，你本来就在。你自在，就对了。

这样子，一个人还需要静坐、需要练习、需要磨练吗？老老实实“在”吧，自在。你就是。

这种体验是不一样的，本身已经跳过了许多不需要的门槛。

这个方法，一天 24 小时随时可以投入。透过它，我们只是轻松回到我们本来就有的、最根本的状态。无论我们在做什么，有什么活动，都没有冲突。这个方法，不需要安排特定的时段或到某一个地点才能进行。它并不是静坐或什么功法的练习，也不是要我们去体会到什么。

当然，初学的朋友可以先守住一个时间，例如早上刚醒来或晚上睡前来做。如果我们早上一醒来就做，无论能做多长时间，都可以影响到一天的心理和意识状态，让我们好像进入一个比较大的层面。一天下来，我们在处理事情，也就能够不断地从一个比较大的蓝图来面对，而圆满地处理。晚上睡前，一样地，停留在大我，会影响我们睡眠的质量。把大我带进睡眠，不知不觉，就连我们的个性也好像跟着转变。

停留在大我，我们最多只是放松到这个最根本的状态、本来就有的状态，明白这个状态随时都存在，和我们分不开。其实，有“我”，就有它。它本身最多是一个扩大的“我”、最原点的“我”。

停留在大我，是透过这种感受，我们才可以轻轻松松体会到一体永恒的味道。虽然大我最多还只是一个最原点的“我”，但它已经进入了一个“在”的状态，本身没有动力，我才会称它是一体的门户。

停留在大我，习惯了，接下来愈来愈不费力。甚至，有一天，它会吸引我们全部的注意力，让我们觉得没有其他事情比它更有趣。也就那么简单，那么不费力，我们就落在绝对意识的门口。

你会发现我一再强调费力、不费力的对比，可以说这个观念相当重要，让我们可以衡量自己究竟做得对或不对。

本来一个人是轻轻松松体会到什么是自在，什么是大我、心、不动的一个层面。然而，只要有一点点费力，本来不费力的体验，也就突然取消了，变成是头脑在体验这个最轻松、最不费力的状态，而落成了一个人间二元对立的经验。我们又已经落到一个相对的轨道，而在这个相对的轨道，想去衡量没有轨道可言的一个点。

然而，透过这个费力、不费力的基准，我们马上可以知道练习的方向对或不对。

当然，一开始，我们是透过头脑落回原点，难免还是带点力道、需要一点动力。但是，不知不觉间，回到这个原点、停留在大我，带着人间没有的欢喜和光明，自然让我们守住它。它变成最有趣的，好像我们非做不可。甚至，就是不做，也只有它。它全面吸引住我们的注意力，就像一把野火，愈烧愈大，愈来愈旺。我们把任何念头丢进去，也就烧掉了，消失了。无论有什么念头，它根本不在意。

有时候，头脑还是会抵抗、会自我质疑、会带来一些反弹。这时候，我们也不用去阻挡，就让它来，让它走。既然它本身不费力，我们连去阻挡、去抗议、去阻挠、制造一个门槛……都不需要。它要来，就让它来。

这一来，自然带动臣服的机制。种种的自我质疑、杂念、反弹，也就顺着流过去了。我们让它来，也就可以让它走。它自己会流过去。

用这种方法，我们不知不觉，又回到自在。自在，一样地，不是透过“想”去自在。想“在”，是不可能的。

是自在为主，是自在在主导，是样样都自在。

我们只是轻轻松松活出它，而没有一层头脑在主导，在过滤，在解释，在掌控。

8

大我，是相对和绝对意识的门户

前一章所讲的，可能是最简单，但同时也可能是最难懂的。

简单的是，这本书所谈的大我、这个人间最根源的主体、相对意识的原点，是我们每一个人随时都有，不可能没有的。一个人只需要自在，让自己的本性完全发挥出来。这本身，就是大我。

大我，最多只是意识的桥梁，是相对和绝对之间的门户。是我们这一生还没有来就有，走了之后，还是有。它本身才是我们众生的意识的根源。我们唯一需要“做”的，也只是定到它、住在它。

难的是，我们会想在它上面再加一层念头、再加一层解析，而且自然会自我质疑，认为修行不可能那么简单。就算真是那么简单，我们也会认为要守住或定在它好像有相当大的难度。

这是难免的，毕竟我们这一生早就被充分地洗脑，认为需要用头脑去定住一个观念或一个体。假如这个体不是一个很具体的体，我们的头脑还会害怕定不住或守不住。甚至还没有尝试，就已经感到挫折。

然而，我们仔细观察，究竟是简单还是难，其实完全是我们自己透过头脑建立的区隔。

我们需要“做”的，也只是有一点耐心，不断重复前面所讲的，从“我－在”体会到一种全面的、存有的觉受，而且让这个觉受不断地重复再重复。最多，只是这样子。

这个“我－在”的觉受，从能量的角度是最稳定的基本态，是我们最根本的状态。停留在它，其实是最不费力的。但是，我们只要加一个念头，停留在它就从不费力变成费力，从最简单的变成有难度，甚至成为挑战。

守住人间这个最源头的主体——大我，定到它、臣服到它、只是它，其实是最直接的法，因为它最多只是在肯定我们本来就有的。

这一点，跟你过去所认为的修行可能完全不同，甚至是颠倒的。

一般修行的方法，还是想透过“动”去找到“不动”；或透过一个业力的行动，想把一切的业力消失，例如一般人会想做好事，来清除坏的业力。然而，我要在这里提醒，透过“动”来消解业力，是绝对不可能；此外，只要我们还认为有一个个体性，当然，样样都还是假的，还是无常，都不存在。反而是这个个体性消失，对我们，样样反而活起来，样样都是真的。

我过去接触过的老师，有些虽然也同时强调小我和大我的分别，并且教弟子先放下世界和小我，但是他们还要再点出一个“打破大我，从大我跳到无我（或是空）”的过程，认为这才究竟。如果要简单表达就是，他们认为修行的过程就像下页这张图。如果用左边的扩大的球来表达大我，那么，对这些老师来说，修行好像有一个终极目标：一个人还要慢慢地下功夫，让这个大我分解，就像图的右边所表达的，这样才能化回到一体。

这类说法，通常是把这个机制当作一种分段式的进展。例如，要弟子先用止和观把念头慢下来，达到意识的同步，或一种定的状态。接下来，要用功、不断地维持这个定，这个扩大的我才会解散。

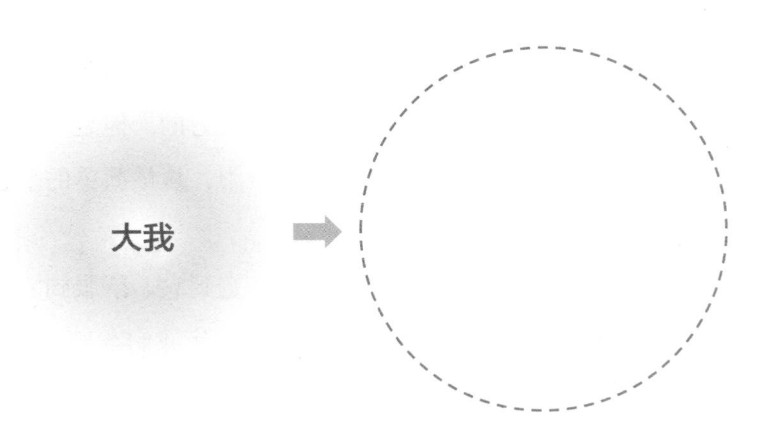

但是，根据我个人的体验和“全部生命”的观念，最后这个“打破大我”的步骤不光是多余的，其实还是不正确的。虽然是好意的补充，但可以说又加了一层不必要的门槛。别忘了，透过静坐或任何练习，“我”其实是跳不过去的。这也就是我常常说的，不可能从相对跳到绝对。

一般所讲的定（从我的角度，是小定），最多是一个人刻意地将注意力投入、守住一个客体。也就这样子，把“我”的主体和所投入的客体合一，而造出一个人为的“不动”（主体和客体假如合并，主客之间没有距离，也就没有了“动”）。但是，他只要回到生活，头脑一动，之前的定也就消失。

而且，这样维持住的定，再怎么扩大，它本身还是透过条件或因–果才建立的，还是代表局限或相对，最多只是一个扩大的局限，一个延长的相对，一个少动或不动的客体，本身并没有离开过相对的范围。我们从相对的这里，要靠相对的意念跳到绝对、到永恒、到无限，是不可能的。

我们都忽略了，我们就是透过意念，才把一个不生不死、完美的整体给局限成眼前的人生。正是我们头脑创出来的机制、我们有的逻辑，才造出我们的现实。要透过头脑，从它造出的这个现实跳出来，是不可能的。不光是悖逆它运作的机制，更是违反它本身存续的条件。

一般人都不知道，只要有一个念头，我们已经从内在跳到外在；而用意念去维持一个状态而想要回到绝对，就好像想用一个外在的东西去把内在找回来。我过去在许多作品也提过，要透过意念去改变头脑的惯性和所造出的习气，甚至只是去踩个刹车，是不可能的。它的力量太大，挡不住，更别说在这过程还反而会造出别的回路。

如果我们要透过头脑，将这一生和过去生生世世所累积的数不完的习气消失，这是做不到的。我们想去消失、想去抵抗，这种动机本身还是一种动，只会造出更多习气，充其量是不同的回路，而还一样是落在头脑的回路。

我们最多是把注意力引导到别的轨道。打个比方，就像看见小孩子在玩一个危险的游戏，我们会哄着小孩子，带他到别的地方，去玩另一个比较不危险而又有趣的游戏。

这种手法，是改变头脑惯性和习气的关键。假如要透过压抑、苦恼、费力、努力去做，反而不能达到这个目的。我们只是突然改变方向，让新的过程变成很有趣，而将小孩子引导到别的地方。这一来，他为什么不会跟着我们到别的地方去玩家家酒呢？这是一样的道理。

借用古人的比喻，让头脑这个小偷去做警察来抓自己，确实不合理。但是，如果是运用头脑作为工具，就像透过参，把注意力引导到一个最不费力而且最有趣的点。在这个点，头脑不受任何刺激，可以休息。头脑得到休息，自然会舒畅，也就不知不觉对费力的“动”渐渐失去了兴趣。

这种作法，连一个去消失头脑和习气的出发点或动机都没有。别忘了，即使有这样的动机，也没有用。假如有，那么还有一个目的，还有一个动的观念，一样还是落在头脑。

这种不费力的手法，其实就那么简单，不需要针对头脑和小我，我们反而轻轻松松把小我交出来、把头脑挪开。只要轻轻松松落到这个点，自然会有一个更大的力量带领我们。带到哪里？其实都无所谓。因为我们在那个点，是舒服、舒畅都来不及，不会再顾虑到这些。

也就这样子，我们把头脑引导到另一个层面。不知不觉，这个层面愈落愈深，跟人间的层面愈来愈脱离。然而，我们不能说它是离人间更远或更近，只是愈来愈不相关。

这种不费力的手法，我们每个人都可以自己试试看，自己得到自己的体会，最多只是这样子。

你可能已经发现，我在这本书所强调的“方法”，最多也只是不断地肯定本来就有的一个更深的层面。而这个“肯定”，也只是记得或反省我们本来就是的真实。从注意的角度来谈，我们最多只是把注意从一个不存在的头脑的世界，回转到真实的内心。我们只是跟真实不断地达到共振，得到共鸣。我们并不是透过“想”或任何动作或甚至练习去接近，反而只是轻轻松松活出它。最多，只是这样子。

回转到真实，活在心，其实没有什么练习或作业的形式可谈，最多只是接轨的作用。接轨什么？勉强说，是和真实接轨。

然而，到这里，连用这些话来表达或分析都是多余。

真实，本身是我们“做”不来的。或许，比较贴近事实的表达是，我们轻轻松松地臣服、接受、拥抱大我，不断地回到大我，是大我。透过大我的不动，自然让我们停留在一种“在”的状态。只有在这个不动的“在”的状态，我们有一天才突然体会到一体。

这个大我不动的状态，本身没有动力。我才会不断地强调，最多是我们借用小我的动力，将自己带回到不动的大我。不要小看小我的作用。虽然它带给我们数不完的烦恼，同时也可以成为唯一的一个修行的工具——让我们透过动，回到不动；从客体，走回到主体。

但是，我也要提醒，跳到一体，倒不是我们透过小我可以期待的。从大我转到一体——这个机制会是我在这本书的后半想谈的重点。

最有意思的是，我自己是后来才有机会读佛经，也才发现古人留下来的全部的修行手册（也就是大家所称的经典）都在表达这些重点。但是，不知道为什么，后人把它弄拧了、变得复杂，才增加了那么多烦恼，设立了那么多门槛，而让这些门槛成为障碍。

讲到这里，可能还有一点和一般的理解不太一样。就像前面所讲的，大我本身是我们人类相对意识的源头，而它的地位不会低于一般人心目中的主、神、造物主。大我没有动力。透过这样的观念作为桥梁，我们也就自然明白，主、神、造物主，倒不需要有任何

动力甚至动机。它哪里都是，哪里都在。最奇妙的是，我们也就是它。

一样地，这些话不是我们透过念头可以去领悟，反而最多只能活出它。它倒不需要动、做，但又同时含着全部生命的潜能。其实，讲它动或不动，又是从我们人间的角度在衡量。因为它同时超越动，超越不动。

从我个人的角度，真正要谈主、神、造物主，是在另外一个意识的层面——绝对、无限、永恒。然而，那是不可能让我们用语言可以描述的。其实，是这个没办法描述的整体、一体、心，才可以表达真正的主、神、造物主。

人类可以体会到的主、神、造物主，还不是究竟的真实，本身还是我们用意念可以想出来的，最多是帮助我们体会到相对意识的根源。我们最多只能说，这样的主、神、造物主是一个人透过语言或念头可以逼近、可以描述出来的最究竟的真实。

这种表达，虽然还是受到头脑和语言的限制，但我总是认为已经非常了不起。无论西方的《圣经》和东方的经典，都说出了人类可以想到的最高的真理。这样的真理，透过经典保存下来，为后人带来那么珍贵的指南针。

透过祷告和冥想，一个人不断地停留在主、神和造物主，其实和这里所讲的停留在不动的“在”，停留在大我，是站在同一个意识的层面。共同点是，只要一个人把注意力和信心随时摆到主、神、造物主或人间最源头的大我，也就简简单单让一个原本那么抽象的观念活起来，而变成生命中最大的力量。

我们念头自然会减少，而早晚被整体、一体化解。到这里，反而也就没有一个主、神、造物主的观念。毕竟任何观念，还是受到人间二元对立的作用，而不可能来框架无限而永恒的主、神、造物主。

我们每个人的修行，一开始是小我在追求大我，甚至是小我在追求全部、一体、意识海。但是，到了一体的门户，到最后可以跳过去的并不是这个小我，也不是任何“我”可以延伸出来的东西或层面（甚至包括大我），而是反过来，是一体把它拉进去。

再换个表达方式来说，也就好像完成旅程的人，倒不是开始旅程的那个人，不再是同一个人（The one who starts the journey is not the one who ends the journey.）。人和旅程，都还是符合人间相对的逻辑。但是，走到最后，完成的、所完成的，倒不属于这个相对的范围。它是彻底跳出来，最多也只是完成它自己，而不是完成一个项目、得到一个不同的东西，或者到其他的哪里。

回到前面所讲的个体性，我们也可以这样子说——本来我们是站在一个个体，在追求比这个个体更大的范围；突然，这个个体的小我，竟然发现有一个整体的大我在等着它。它体会到这个大我比小我远远更有趣，而这个大我自然吸引小我全部的注意力。

接下来，不知不觉，没有了“主体－客体”的互动来强化，就连大我其实也站不住，支撑不下去。它不再有一个机制可以支持、辅助、稳定它。早晚，大我本身也自然化解。最后，只剩下一体，或是整体。

从这个角度来看，我们可以说小我就是一个“弄错身分的个案”。

其实，就连一般人所讲的心，一样还是大我。

当然，古人禅宗最早讲的心，是悟、道、佛性。但是，这种本质可以说是我们用头脑绝对体会不了的。不知不觉，大家开始认为

“心”是一种可以称为“不动”的东西，也就是我在这本书所讲的大我。

如果从这个“心”或大我，再往外延伸去捕捉一个数据、一个动、一个现象，它就从心变成头脑、变成人间。如果从这个“心”或大我往内回转，不断地潜进去、沉下去，它自然最多只是变成自己。并不是它体会到自己，而是变成自己。不再是透过一层体会的过滤、隔膜或任何机制，它就是变成自己。它会发现自己就是心。心就是自己。

当然，到这里，这个心，已经跟一般人认为的心不同了。假如还可以描述得出来，这个可以描述出来的不是心，最多还只是相对意识的源头，也就是一般人讲的心。

一个人最多是轻轻松松落回心，住在这个大我，让大我轻轻松松完成什么？什么都没有完成，什么追求都没有。不可能有追求，不可能要做一个努力和费力。只要有一滴费力，小我已经露出头来，又变成世界、人间、头脑的作业。

一个人最多只需要轻轻松松住在、定在本来就有的。

这最轻松、不费力的一点，明明是我们每一个人都可以做到的，却反而变得最难懂。其实是我们信心不够，总是认为不可能这么简单，总是认为可能还少了什么东西，才会不断地在外面寻、往外头找。

站在小我，这个相对的世界好像样样都是真的。但是，从整体来看，最多是充满了虚构的分别和隔离，样样都是虚的。最后，从大我回到心，反而刚刚好相反，样样都活起来，样样都变成真的。从任何角落，一体或整体随时浮出来，而没有一个角落不是它。

我相信走到这里，这些话对你已经不再那么陌生了。

活在这个相对的世界，我们随时都会忘记这个二元对立的机制是怎么来的。它本身是靠一个主体在抓一个客体，再加上动，才建立的。假如我们轻轻松松定到这个主体——大我、大我、大我到底，反而倒不用担心。这个主体，任何主体，无论是小我还是大我，它自然站不住。大我，也就被一体完全吞没。

是这样，我才会说“不费力”。它没有任何具体的体在主导。费力的小我已经融入不费力的大我。我们只是停留在不费力的大我，就连大我最后也不知不觉消失。

我们可以“做”的，最多只是把注意力摆到相对意识最源头的一个点。然后，其实和源头下游的小我一点都不相关了，没有任何作业可谈。我们最多可以说，是小我被吞掉，而大我完全不费力地被化解，一个人才彻底醒过来。

一个人彻底醒过来，大我还是可以启发作用，因为只要还有个体，大我也自然浮出来。不光大我可以启发作用，连小我都可以活跃起来。只是，跟之前不同的是，它们最多只是变成工具，再也不是主人。

大我，最多只是一个“觉”的场（field of awareness）。去觉什么？觉察到自己。从每一个角落，最多只是在觉察到自己。既然每一个角落都是自己，每一个角落也自然变成就像幻觉一样的，最多只是重叠在绝对上的影子，再也没有什么重要性或代表性。

小我也一样可以启发作用，但奇妙的是，已经没有一个体或一个大我在主导或是在操作，也没有谁得到小我的成就，甚至没有人在意有什么成就不成就。

如果还要强调一个后半段的机制，那么它确实就是这么简单，
们所讲的修行，其实也只是轻轻松松把自己的注意
主体，而不断地只落在主体，让这种练习变得不光
变成我们一天下来最有乐趣的一个项目。
是这样子。其他的，不光没有用，更是“做”不来的。
，我们突然发现，生命已经大大的不同，而已经大
个本来抽象、遥不可及、表面上和我们的生命一点
，变得不光是具体，更成为我们这一生最重要的一

9
螺旋场的比喻

一体的力量，远远比人间任何的力量都更大，自然会把相对的意识吞掉。这是自古以来，大圣人都知道的。因为这个观念太重要，而且含着修行的精髓，接下来，我想借用另一个比喻来说明。

用“全部生命系列”的语言来说，一体就像一个无形的螺旋场。是螺旋场的速度慢下来，才可以凝结出物质。而物质的频率（比较正确的表达是意识螺旋场的扭力和速度）又可以有大小和快慢的分别。

物质就不用说了，其实，连念头都离不开螺旋场。一般比较正向或友善的念头，是属于扭力比较大、速度比较快的螺旋场，它本身自然让我们的肉体提升，甚至会带动周边。我们一般都喜欢接触充满善意的人，甚至连动物都会想接近他。其实动物的生存，只是单纯满足自己生理上的需要，平常也停留在一个比较高的场。也因为如此，我们都喜欢接触动物和大自然。

反过来，坏的念头，过去圣人称为贪嗔痴，是属于一种比较重、比较慢的螺旋场，本身会带给周边负面的影响。然而，会说负面，最多也只是身心失衡，让头脑走到更二元对立的境界，而把我们本来更高的频率好像盖住了。

用下页图的螺旋来表达意识场，我们会发现，它外围的速度逐渐变慢，也就凝聚出我们五官一般可以体会到的物质。是这样，我们才能创出人间的现实。但是，愈往中心，速度愈快。到螺旋的底端，它已经接近无限大的速度。

我们可以借用这种观念，来解释大我。

大我，是我们相对意识的源头。用螺旋场的比喻来谈，可以说大我是扭力和速度都比较大的螺旋场。只要停留在大我，我们自然进入大欢喜、大爱、大宁静、大平安或过去所讲的在•觉•乐。但是，这些状态还不稳定，并不是永久的。借用螺旋场的比喻，也就是大我的意识场无论扭力或速度都已经逼近了无限大的边缘，但毕竟还是属于人间的状态，早晚还是会慢下来。大我所带出来的意识场，自然会受到环境和周边的影响，本身也变慢，进入二元对立。

尽管这么说，大我这个相对世界的源头、通往绝对的门户，它本身其实已经处于一个费力 / 不费力的边缘。我借用《静坐》这张图来表达，图上方深蓝色代表相对的世界，下方的橘红色代表绝对或心。大我带来的意识场（上方螺旋底端）的速度接近无限大，这时候，假如有另外一个力量加快它的速度，速度快到一个地步，进入我过去所讲的“奇点”（图中央的光点），它也就自然不费力进入一个扭力无限大、速度无限快的螺旋场——我们也可以称为永恒、无限、绝对、一体或心。但是，这个作业和这个“我”已经不相

关，并不是我们去努力就可以加快速度。甚至，这件事是努力不来的。就好像它是被拉进去，并不是它自己用力挤进去。

我才会不断说最后这一段是不费力，而只可能是不费力的。

再重复一次，我们的意识住在大我，也就是让我们接近这无限快或无限大的螺旋场。唯一让我们相对意识可以掌握、可以摸到边的，只是透过大我这个人间最根源的主体所呈现的一滴滴。它是唯一最逼近一体的，但还是在相对的范围。

要勉强说，是透过大我这个主体延伸出来的直觉或灵感，我们可以去体会到一体。假如这个螺旋场还更大，我们也就自然进入“奇点”，跟我们人间的意识也就彻底脱离，不相关了。这个场的力量和速度，也就变成无限大。

“场的扭力无限大”这种说法，其实也就是强调心的力量是无限大。心把一切拉回到哪里？拉回到自己。我才会说，最后也只可能是自己体会到自己，自己完成自己。

但是，这个拉回到自己，不见得是一次可以完成，也可能要重复几次，甚至是很多次、多生多世，而且一次比一次更彻底，才可以完全拉回到自己。

如果勉强用“场”的比喻来描述，也就是在这个过程，大我的场还可能会减弱。只要减弱，就像前面第6章“要体会真实，是不费力，而只可能是不费力”所讲的，我们也可能又回到二元对立，而这个二元对立的作用在短期内还可能更强烈。

尽管二元对立的作用还是会再启发，小我还是会再露出来，“进入大我”只是一种暂时的状态，不过，我还是要强调，这种体验已经是一般人终其一生甚至多生多世都不可能体验到的。

一个人站在大我，也自然有机会稍稍领略到大我之后的真实、一体。光是这么看到一眼，就让人自然产生一种重生、醒觉的观念，这本身已经是一个足以让人脱胎换骨的经验。许多人会认为这就是开悟，是见到“空”。然而，就像前面所说的，这最多只是看到了一眼真实。不知不觉中，对他，小我会再延伸出来，也就又落回到人间。

一个人如果有过这样的经验，再落回人间，他当然会抱着期待，希望能再次重复这种状态。但是，他如果没有好的基础，非但这辈子不见得有机会重复，也可能反而进一步误导自己，以为这是一种可以透过小我努力追求、努力地“动”、努力练习而再次得到的经验或状态。

尽管如此，我还是要强调，停留在大我确实是一种难得的经验。一个人只要能停留在上面，自然会有更深的体验。然而，它本身还不是一种完整、永恒、稳定的状态。

有些人或许可以透过自己的修炼，也许是闭关，把这种状态稳定下来。但是，这种机会其实是相当渺茫。很多人修行时，头脑一样静不下来，即使有闭关的条件，在闭关中还是头脑的运作，想去捕捉一个比较微细或比较究竟的状态。

然而，一个人如果能真正随时停留在大我，让“主体－客体”二元对立的作用被大我吸收掉，这本身其实代表他过去生生世世投入练习的程度，或他的成熟度。坦白说，并不是透过闭关，就一定能把这种状态稳定下来。这一点，要看个人过去的福德，或说熟练度、成熟度，倒不见得是透过闭关，就能再次重复。

但是，一个人只要有自信，坚持下去，不断地透过参和臣服，把自己头脑的意识摆到相对意识的根源或大我，这个工程早晚会完成，而且是不可能不完成的。

可以说，一个人只要有耐心，有毅力，大我断根是早晚的事，而这个最后的断根，也只可能是突然的。断根的意思，最多也只是彻底看透“我”，明白小我、大我和“个体性”都不存在；真正存在的，最多也只是自己——整体、一体、主、神、心。

佛陀当时说连一朵花、一片草叶都会成佛。在这里，也让我大胆重复佛陀的结论——早晚，无论众生、非众生都会醒觉，而不可能不醒觉。毕竟，只有心或真实的力量是最大，甚至是无限大，而它早晚一定会吞掉一切不存在的、让人“分心”的幻觉。

再讲得明白一些，醒觉，就是我们的本性。讲醒觉，这两个字还是站在小我在讲——好像还有一个经过，我们可以称它为醒觉。站在整体，既然醒觉最多只是我们的本性，我们最多只要承担它，活出它，自在地落回它。

讲到这里，我相信你或许也可以体会到，一体无限大的场倒不是用理解或领悟可以接触到的。我们领悟前，它也在；领悟后，还是在。

同时，我们也突然体会，最高的法，其实是沉默。

沉默，我指的是真正的沉默，倒不是没有声音，或没有动。它本身就是“在”，本身也只是无限、绝对、永恒。我透过“全部生命系列”可能表达的，到最后，最多也只是沉默。我说过会把你带到一位老师的门口，这位老师，当然最多也只是沉默。

10
把修行浓缩、简化到大我

一般人说开悟，在英文里用 “enlightenment” 来表达。这个词，含着“光”的观念，但这是自己照亮自己的永恒的光，倒不是相对于人间没有光线的黑暗而有的光明。我们不能称这种永恒的光为“空”或“没有”，它本身并不是人间的“不空”或“有”可以对照的，也不需要和“不空”和“有”相提并论。我们最多只能承认它在另一个轨道，而这个轨道和人间相对的意识一点都不相关。

这种永恒的光，虽然好像和人间的意识不相关，但我们还是可以尝到一点它永恒的部分。唯一可以让我们体会的门户，也就是透过人间这个最根源的主体、大我。但是，这种体会不是透过头脑“主体－客体”的作用。假如是透过头脑的作用，接下来当然就有个经验或体验可以描述的，甚至还有个对象，比如说可以体会到什么东西。

我在“全部生命系列”常提到类似的观念 “Truth can only be

intuited. The mind needs to be bypassed for truth to be experienced."。真实，最多只能被直觉到或领悟到。而这种直觉或领悟，并不是一种头脑“主体–客体”的作业。甚至，是这个头脑的作业要被略过，真实才可能被直觉到。这一点，也就是我们透过头脑不可能懂的。

我也一直强调 "Complete, radical awakening is Self-Realization without the mind, or direct experiencing without the mind." 也就是表达——彻底的醒觉或是顿悟，最多只是“不透过脑，来随时体会到自己或一体”或是“脑没有办法干涉的体验”。

最有意思的是，这种体验其实是描述不了的，我们才会用光、开悟、在•觉•乐、大爱、大欢喜这些词汇来表达。就好像这些身心的觉受，是我们唯一可用的形容。但是，就连这些词汇和觉受，最多也只像一面不平整的镜子，模糊地反映我们内心的转变。

《圣经》在《出埃及记 3:14》用 "I AM THAT IAM." 来表达主或一体。这句话本来是神对摩西说的，一般的中文翻译是：“我是自有永有的。”或用我的话来表达：“我，就是我；而我，只能是我。”这句话，可以说已经含着所有宗教和修行法门想表达的真理。

用“全部生命系列”的语言，"I AM THAT IAM."是来表达——觉，只是觉，不是觉察到什么。知，只有知，倒不是知道什么。爱，只是爱，倒不是爱谁，或爱什么。在，只是在，倒不是在哪里。

这些话，离不开这本书所强调的大我的观念。大我，这个相对意识最根源的主体，不是靠任何客体或任何观察（动）来表达自己。但是，只要我们进一步观察，大我还是离不开我们的身心。是透过我们的直觉或灵感，才可以把大我描述出来。反过来，假如这个身心的架构不同，例如我们采用的是一种外星人的生命形态，那么，这个大我的观念也会跟着变。

我们透过身心，没办法完全描述这个最根本的主体——只要可以描述出来，它其实又进入了一个二元对立的“动”或“主客分别”的作用。是这样，主、神、佛性对我们才会变得很抽象，好像有时候可以体会，而大部分时间又体会不来。

前面也提醒过，站在大我、站在人间这个最根源的主体，不等于回到一体、醒觉或开悟。然而，我们只需要这么做，也只能做到这一点。我们只是不断地站在这个人间最基本的主体。最后，是一体随时会显露它自己。

在一体，一粒灰尘、一个观念都剩不下来，只有它本身是自己验证自己，自己成立自己，自己圆满自己，只有自己存在。这么说，任何可以想象的观念，包括我们过去所强调的主、神、佛性……也就自然化掉了。样样，也就自然变得神圣。我们突然发现，每一个角落都含着主、神、佛性，而透过每一个东西，我们最多只是体会到它。我相信，这样的神圣，和你原本所认为的，可能又完全不一样，甚至可能是颠倒的。

前面提过有些朋友会认为可以透过瑜伽“和一体合一”，这种话还是可能产生误解的模糊表达。不只是从“我”延伸不到一体，甚至，其实没有一个东西叫做“一体”。到这里，你应该可以体会到，“一体”或“和一体合一”其实是我们在二元对立的世界才有的观念。

真要说合一，最多是我们在这个人间难免有时候头脑纷乱、烦恼重或身心波动很大，那么，透过瑜伽和任何练习，都能够帮助我们降低念头，甚至没有念头，而自然同步、谐振，为自己创造一个神圣的空间——回到或守住大我，或说“和大我合一”。

当然，如果我们明白了“全部生命系列”所谈的，也就会突然发现其实不需要透过任何瑜伽或练习，本来就可以轻轻松松地住在大我。

我会一再强调这些观念，不光是我认为对修行重要，而同时是要再次表达，这个大我，是我们在人间不可能再缩减、再浓缩的体验。

过去，作为一个科学家，我样样都希望简化，也就是想把一个复杂的题目缩到最小。这样的取向，也就是英文里的 reductionist 或 minimalistic approach ——最化约、最小化的取向。

我等了好久，才终于能够把这些观念带出来。虽然“全部生命系列”的作品都提过这里所讲的大我、小我、个体性的观念，但过去没能表达得这么清楚。我知道要先建立完整的基础，才能让这些话活起来，而为你我带出更深层面的意义。

用这种最化约或最小化的取向来讲，也可以说大我就是我们在人间不可能再缩得更小的体验，本身是人间相对意识的根源。换个角度来说，人间全部的体验里都有它，只是我们平常没有注意到。

它随时都有。是这样，我才会说体会到它，臣服到它，是一点都不费力。

一个人懂了这一点，自然会想住在大我，而大我到底。只有这样子，没有启发“主体－客体”的作用，他才可能完全放松，完全休息，完全自在，而随时停留在真实的门户。

虽然我在这里这么讲，并不是停留在大我有什么目的。其实，没有任何策略、任何规划。什么目的都谈不来，也不需要谈。别忘了，只要有目的，它本身又是费力。

假如一个人的注意力，时时刻刻，从小我制造的、不存在的外在，转回到内心一直都有的大我，而且这种回转不光随时可以做，对他更是理所当然，不可能不这么做，那么，这个人也就差不多了。对他，已经没有回头路。

接下来，他不需要去追求，更不用说还要去投入什么。再一次提醒，全部都是自然而然，和他的小我已经不相关。

该发生什么，就会发生，已经没有什么体在主导。

一切都顺其自然。

顿悟，就在眼前。

11

参，其实是最轻松的练习

这里表达的“参”的练习，我在第7章“解开修行的机制”也提醒过，可能跟你过去所认为的完全不一样。它本身已经不是练习，最多只是在提醒我们，有一个远远更大的状态在等着我们。我们最多是把注意力从狭窄的外在世界，轻松落回到扩大的大我。也就那么简单，我们就跟它接轨了。

要做参，我还是要强调“我－在”的练习。是透过“我－在”的练习，不断地重复回到自己，才叫做参。

怎么说？前面提过“我－在”所带来的直觉和灵感，是透过它，我们不断地重复，也就自然住在一种“在”的体验。这样的“在”，倒不是透过念头可以描述的。

透过参，我们把眼前的任何念头收回来，收回到这个念头的根源，不断地回到“我－在”的体会或感受。这就是我们透过参，想完成的。

接着，念头可能又浮了出来，我们也只是轻松地问——

为谁，有这个（快乐、喜悦、轻松、悲哀、担心……的）念头？

为谁，有这个知觉？

为谁，知道自己有念头？

是我。

是我，有这个念头。

是我，有这个知觉。

是我，知道自己有念头。

那么，我又是谁？

透过这样的参，一再地将注意力带回到“我”——人间一切的根源，也就是大我。

前面也提过，这个参，并不是一般人认为的在问、在寻、找答案。一般人所认为的寻，是透过“我是谁？”想找一个答覆。然而，参，倒不是这么进行的。任何答案，其实都还是二元对立。

甚至，有些朋友以为，参，就是不断重复在心中诵念“我是谁？”“我是谁？”，好像把它当作一个咒语。其实，这个练习倒不是这样子进行的。参，不是机械性的覆诵，并不是透过重复，可以让我们去得到解脱或某种不同的意识状态。

这里所讲的参，最多只是轻松移动注意力的焦点，从下游的客体，不费力挪到最上游的主体。我们最多是透过参，提醒自己——彻底站在人间这个最根源的主体，其实没有问题可以问，更不用说没有答案可以回答。

这时候，如果还有念头，还有体会，继续轻轻松松地点一下——

为谁，有这个心情、这个知觉？

为谁，知道自己有个境界？

是我。

是我，有这个心情、这个知觉。

是我，知道自己有境界。

那么，我又是谁？

这时候，和“我－在”一样的，注意力自然回转，从外在回到内心，轻轻松松留在任何念头之前的空档。这样的空档，我们也可以比喻成一种“体”——“主体”“大我”。我们做熟了，这个空档也就活了起来，带来一种更深层面的感受。一种存在的感触，自然会浮出来。

这种空档，并不是虚无，最多是一种头脑无法描述的内心或“在”的体会。这种“在”的体会，可以说是一种存有，一种灵感，倒不是落在这个身心的框架里。这种感受，本身带来一种完整、全面的状态，而自然把脑海里起落的念头消失。

这个大我，并不透过其他的客体来主张它自己。我在第7章“解开修行的机制”才会说，用这种方法，最多是把人间这个最源头的主体拥抱起来，包围起来，把它变成这一生和自己最亲密的一个点。也就是前面提过的，就好像把它隔离起来，让它在短时间内没办法启发作用。当然，只要启发作用，二元对立的架构又开始运作，而念头又开始起伏，我们最多也只是轻轻松松地再参，一而再，再而三，不断地再一次回到原点。

头脑偶尔或随时还可能会动或启发作用，透过一个念头的连结（比如说想到什么东西、观察到某一件物品），也就让这个相对意识最源头的主体附着到接下来的客体。这一来，两个又变得分不开，也就这样把我们带回到人间相对的意识轨道。然而，我们最多也只是再一次轻松地重复，一再地用参、一再地用“我是谁？”自然从小我到大我，而回到相对意识的源头。

不过，小我不会那么轻易放过机会。它不光会产生念头，而我们还会不知不觉去追这个念头。不只如此，我们还会受到这个念头的影响，甚至无形当中受到念头的制约——比如说这念头的内容是好还是坏？是轻松，还是带来烦恼？是无关紧要，还是很严重？跟眼前的事有没有什么关系？会不会带来什么后果？——这一来，我们又继续跟着念头走下去，也就让自己的身分和这些念头带来的境界完全结合，完全分不开。

这时候，其实有一个很简单的方法，可以把自己带回到前面所讲的原点，也就是提醒自己：全部念头都是平等的。

我们把全部念头都当作平等——念头大、小、好、坏、舒服、不舒服、重要、不重要、急迫、不急迫……全部都一样，全部都当作平等。重点倒不是去研究、分别、衡量念头的内容，更不是根据对我们的重要性去做进一步的区隔。只有这样子，我们才可能对念头踩个刹车，而可以轻轻松松地用“参”来面对这个身心产生的种种杂念。

我们用这种平等心来看念头，其实已经把我们练习的作业简化，而同时也不断地强化自己本来就有的平等心，一再地提醒自己——这一生，表面上的重要不重要、有意义、没有意义、有特色、没有特色……其实还是头脑的作业，本身没有一样东西有绝对的重要性或代表性。

有意思的是，即使不这么做，事实也只是如此。我们最多只是透过练习，提醒自己这个没办法推翻的真实。

透过“我是谁？”或参，并不是去把大我或根源找回来，也不是透过“我是谁？”的回答让大我和根源出现。我们最多只是透过轻松地参，想起这个源头随时都存在，从来没有离开过我们。但同时，我们又可以轻轻松松地，把全部相对的意识交回到这个“我－在”的源头。

是这样，透过“我是谁？”我们最多只是把我们的意识住在这个“我－在”的源头——人间这个最根源的主体、这个没有客体的主体、这个不产生客体的主体，而最多是透过我们的感受或更深层面的灵感，把它轻轻地点一下，轻轻松松地落在它，只是它。

一再地熟练，我们的注意力也就已经脱离念头的范围。我们自然会发现，好像是用全身，而不光是感受，来体会到“我是谁”的答案。然而，这个答案倒不是带来什么，也不是“谁”，甚至不是什么体。

我们也自然明白，现在所体会到的，已经跟前面一开始问“我是谁”的这个个体“我”不同。它已经扩大了，假如要勉强取个名字，最多也就是我们前面提到的大我。

会用“大我”这两个字，是我们不断地想跟做二元对立的小我做个区隔，倒不是要把它当作一个客体来描述。但是我们仔细观察，我们还是可以体会到这个大我，只是用的管道倒不是头脑的机制（也就是说，倒不是想、做、取得一个客体）。站在头脑的角度来谈，可以勉强说这个大我是比小我更深的一个层面。

再用另一个角度来讲，参，是从现象和头脑的“动”后退几步，是简化，是将费力变成最低的费力，甚至不费力。我们在参，本来是追察头脑的运作，接着把这运作缩减到“什么都没有在追察”。最多，我们只是在体会没有追察的味道或状态。一样地，没有一个策略可谈。

这时候，不光没有一个策略可谈，前面也提过，其实已经没有“谁”在做见证。假如我们还可以做见证，比如说知道眼前有什么现象、心中有什么念头，这本身还是离不开二元对立，还是有一个主体在追察一个客体，本身还是在“动”。

对大我，其实没有任何东西可以追察或值得追察。我们只是在样样活出大我，在样样体会到它，而它和自己完全没办法分开，也没有什么意念或动机可谈的，更不是经过再一层过滤网去观察或衡量自己、大我或其他。

虽然这么讲，你也可能还记得，我在前面的作品还是把“见证”当作一个很重要的练习。这是因为，透过这样的练习，我们自然能够不执着样样的现象。而这样的抽离，是一个人身心要安定下来，必须有的一个过程。

参，让我们体会到，过去头脑所有的运作，都是透过费力得到的，而我们终于找到一个状态是完全不费力，但是又同时没办法用头脑描述。原本，我们只是轻松透过感受去体会一种没办法用头脑描述出来的状态，然而，只要我们稍微有一点费力，想去抓住它、想去分析它或想去延伸它，透过这个费力，我们已经从一个不费力、没有脑、最直接的经验，离开大我，离开这个人间最源头的主体，回到二元对立，又把它变成一个人间的追求。

这一点，值得我们注意。参，不光是不费力，甚至，是只要有一点费力，也就又回到人间的轨道。

讲参费力或不费力，最多是小我的参一开始是费力的，但一做习惯了，住在大我，是完全不费力。停留在大我，它本身会活起来，带着喜悦、光明、在•觉•乐，占用我们大部分的注意。我前面才会说，参，最多是把注意挪开，从不存在的虚拟的世界（包括虚拟的“我”、虚拟的脑海）回转到真实的门户。最多只是这样子。

熟悉了，这种内心的感受或状态自然代替任何念头。甚至会让我们感觉到，眼前的现象和念头，没有一个比它更奇妙。也就这样子，自然让我们注意力从外在转到内心。

参，本身就是解脱，就是在•觉•乐。我在第6章“要体会真实，是不费力，而只可能是不费力”也说过，它的练习和结果，其实是两面一体，分不开的。我才会说，这个练习，最多是一种提醒，提醒我们本来就是、本来就有、本来就在的一个状态。透过这个练习，我们其实得不到任何本来没有的东西。参，本身最多只是在强调、在主张——我们本来就是的一切。

讲到这里，也许你还记得，我在《不合理的快乐》曾经用狗追脚印的图来解释参。当时，我最多也只是想表达——我们是带着一

种诚恳、热切、专注而投入的心情，把注意力从虚幻的利益、权力、成就、关系、现实、冲突、挣扎，转回内心的真实。

透过参，我们回到相对意识的原点。我们只是守住这个原点，不断守住它，而且还是轻轻松松地守住它。我们只是这个原点。接下来，我们对其他东西好像已经不感兴趣了，心里明白其他一切都是假的，充其量是信息的组合，而最多是把全部的注意力摆到我们心里知道是真实的层面。

人间再多的故事、经历，这时候，最多就像噪声和幻觉，对我们都不重要了。

我们这一生已经找出一个清楚的方向，找到一个清晰的目标，而在这方面轻轻守住。只要我们有耐心，坚持下去，就像之前提过的，到最后，自然会发现把注意力轻轻落在大我这个相对意识的原点，这个原点也就跟着活起来，而比任何其他的注意都更有意思、更引人入胜。

这个原点，是我们最放松、最不费力可以注意到的点。它跟每一个念头、人间每一个变化，都一起存在。要专注它，倒不需要把注意往外延伸出去，最多只是把注意轻松落回到它。

然而，我还是要提醒你我，这里所讲的大我，其实还不是家、一体、永恒、绝对、无限、本性、悟、醒觉、真实，最多只是真实的门户。大我，也就是在我们相对的意识范围内的最上游、最源头。虽然已经到了意识海的边，但它本身还不是意识海。它还是代表一个相对的观念。

我相信你读到这里，自然会想问，那么，从大我，又要怎么回到无限、绝对的一体？这个机制，要怎样去完成？我在第 8 章“大我，是相对和绝对意识的门户”已经打开了这个讨论，提醒你我——从大我，跳到一体，这本身是追求不来，也不需要去追求的议题。只要我们停留在一体的门口——大我，熟练了，一体自然会把一切吞掉。我们也就轻轻松松与一体合一。

怎么说？这就是我在下一章要进一步打开的。

12
大我，是怎么消失的？

为什么要把注意力摆到相对意识的根源——大我，而不是一步跳回到没有条件、无形无相的一体或真实？我要再一次提醒，透过我们局限相对的意识是跳不过去的，那是两个层面。

我们最多只能把注意停留在相对意识最上游的门口，不断地透过“我－在”带来的存在的感触，好像停留在那里，停留在大我。再往前走，我们是走不过去的。但有趣的是，我们最多也只需要这么“做”。

这本身含着一个修行的大秘密，也是大圣人透过他们个人的经过，都验证到的。虽然前面也谈过，但我认为这个主题太重要，让我在这里用另外一个角度来分享。

“我”的机制，是透过去抓、去捕捉、去追求、去得到一个客体，是在二元对立的架构下，才可以产生作用，而得以主张自己的身分。也就是说，如果没有客体，其实主体也没有什么身分好谈，最多是一种还没有启发作用的“我”（或说大我），没有特质可以描述它。是透过客体，以及主体－客体之间的互动，主体才可以把自己的身分显露出来。这一点，可能和一般的想法刚好相反。

换句话说，是透过客体，一个主体才能主张它的身分，再透过“动”或“想”来确立“主体－动－客体”的关系。我们一生，从生到死的每一个互动，都在不知不觉中强化个体性，为这个体赋予特质、给它一个身分。这个机制，是我们一般人意识不到的。无形中，每一个“主体－客体”的互动，都不断给我们一个印象，让我们确认一个假设——小我是真的，而且是从小我在看一切、在体会一切。

这个个体性，是在所有“主体－客体”关系里都存在的既定前提，就像在背景运作，始终都存在。

我们会认为个体性是连续的，也就是因为第1章提过的——五官的作用，好像没有停过。即使我们并不是一直在看，也不见得一直在听，但不同感官的作用可以轮流补上其他感官的空档，也就让我们觉得个体性是连续而永久存在的一个体，不曾中断过。

我们透过“参”停留在一个人间最根源的主体（大我），也就是因为我们知道，这个人间的二元对立（我们也可以称它是相对局限的意识），需要靠主体和客体之间的互动关系才可以建立，可以维持。而参的练习，最多只是不断回到大我（人间最基本的主体“我”），把“主体－客体”间的互动关系暂时切断，原本“主体－动－客体”的架构也就开始松动，甚至撑不住。

这个主体“我”，突然体会到自己——体会到往下游投射出去“主体－客体”的互动关系是虚构，而甚至这个主体想去抓的客体根本是假的。其实，这个“主体－客体”互动的关系，本身就是我们的头脑。然而，就连这个头脑本身也是假的，是站不住的，是虚构的。

这个“我”守住自己，也就发现没有其他。既然只有自己，没有其他，那么，以前认为“有”的其他也就是假的，根本不存在。甚至，连“有”或是“没有”，本身都失去意义。

其他（也就是客体）突然不存在，那么，主体“我”早晚也跟着消失。“我”的消失，是一种自然的内爆（implosion）。因为维系主体存在的机制消失了，这一来，这个主体早晚也会跟着消失。这种消失，是不费力的消失。没有任何东西在主导，最多只是它本身支撑不住。

无论如何，这种消失，假如还要勉强说有个东西在主导，我们最多说，是心的力量远远比相对世界的扭力更大，而不费力地把相对（包括大我）吞掉、化解掉。

这种消失，倒不是透过我们的体（无论大我或小我）来主导。我们最多只需要透过参，把自己交给人间这个最源头的主体——大我。也就这么简单，接下来自然带动一个没有回头路的机制，让它完成它自己。

为什么会这么说?

其实，小我本身是透过我们头脑的种种回路来运作，而这些回路是这一生经过许多年，甚至不只这一生累积下来的。这些回路好像是凝固的，也是我们在人间最不费力的运转机制。它运转的扭力，不只在人间是最大的，而且它本身会自己维持自己的运作和存有。是这样，眼前的种种错觉（其实全部都是五官捕捉的信息，根本没有实质）才会让我们感觉到再真实不过，而让我们有那么多局限或制约可谈。但是，人间再怎么能强化小我，小我的力量跟一体相较之下，可以说是一点都不成比例。早晚，小我会被消失。

我们也可以说，小我再怎么坚实，最多还只是一个虚的幻觉。一个虚的幻觉，早晚会自己解散。事实就是如此，我们才会承认人间是无常（我们每一个人会来，早晚也会走）。这样的观察，也代表我们心里明白，人间是靠不住的。

只有心或一体无限大的力量，才可以彻底把“我”（大我、小我）的根除掉。没有其他的什么，有那么大的力量，可以做一个彻底的断根。

任何其他方法，最多只是发挥一时或部分的作用，没多久，小我的作用又会突显出来，甚至可能带出更激烈的反应。有些人可以停留在大我很久的时间，有深刻而诚恳的体验，但不知不觉早晚还是会落回这个肉体、这个身心，将自己的身分又落到这个人间。这时候，过去的习气甚至可能发作得比之前更强烈。是这样，才有那么多人走歪。有些朋友本来是善意推广或接受一种理念，却不知不觉地变质成为一种社会的运作。更可惜的是，这些运作还可能引发种种矛盾、纠纷和争议。

别忘了，在人间，没有一个东西、没有一个观念、没有一个道理是绝对正确而含着究竟的真实。在二元对立的世界，其实没有什么是真理。这一点，值得我们每个人都要更谨慎，随时提醒自己注意。

此外，一个人常常停留在大我，在这种意识扩大的状态下，会出现很多过去认为不可能有、不可思议的现象（一般人可能会说是“超自然能力”，例如神通，甚至天眼会突然打开）。这是一个人在修行的过程中难免经历到的，甚至可能不只这一生，而是生生世世都体验过这些变化。

但是，从我个人的经验来看，很少人可以过这一关。一般人即使修行了几十年，一有这种能力（也许是神通、开天眼、会治病、预测未来会发生什么事、把一个人过去甚至前世的经历点点滴滴讲出来或在物质层面示范一些变化），也就自然把心力集中在上面，而要展现这些能力，来强化他个人的地位。至于还没有出现这种能力的人，也自然会好奇，会期待。

要过这一关，我个人认为是太难。一个人要相当成熟，才可能意识到这本身还是一种阻碍，还是一种头脑的状态，还是“我”在作用——无论这些能力多微细、多粗糙、多高、多低、多伟大、多奥妙，其实还是离不开“我”的范围。

确实，一个人要相当成熟，才能突然明白，就连能体会到这些能力，都还是“我”，还只是“我”，而更严重的是——这个“我”还不存在。

然而，我们也不用担心还要去消除这个“我”。前面提过，头脑本身是虚的，更不用讲它造出的惯性或习气（包括“个体性”、包括“我”）也一样是虚的。想用一个虚的机制去消失另一个虚的机制，不光不需要，本身也是不可能的。这个机制本身是虚的，即使我们已经采用一个虚的机制肯定它、强化它，也不可能就此产生一个真实的对象可以去消失。它本来就不存在，我们去消失它，没有用，是多余的。

其实，没有“谁”在断根什么，假如真正有一个“我”，那我们是断根不了的。就像我们想从根拔掉一棵树，不光会破坏底下的土壤，这棵树也会受伤，而一定会产生其他的后果。但是，别忘了，这棵树、树的根其实都是虚的。我们甚至不需要去拔它，最多只是把注意移转到另一个层面，回转过来，发现一切都是假的，都是虚的，全部的努力都是多余的——没有什么东西可以拔，也没有什么东西可以被拔。

真要谈“断根”，我敢这么说，心和一体的力量，是唯一无限大的扭力，可以把“我”断根。当然，你读到这里已经明白，连这句话也只是一种比喻。站在整体或绝对的层面，我们人间相对的意识，包括“我”可以产生的各种现象，其实是不成比例的渺小。甚至，在整体看来，它根本是虚的，最多是一个幻觉。既然如此，又有什么东西需要被断根？又有什么还需要产生无限大的扭力？这一切，借用我之前的比喻，就像想让一个演员从电影的剧情醒过来，不光是不需要，甚至是不可能的。

所谓“断根”，其实也只是“一个本来就不存在的幻觉，自己解散自己”。就像一缕轻烟会自己消散，一场戏早晚会演完，其实并没有什么力量或能量的落差来把什么东西解散。这种比喻，最多还只是我们站在二元对立讲的话。只是，我们必须透过各种比喻来表达这个观念。否则，头脑会听不懂。

如果真的还有一个断根好追求，我们要做的其实不是再加一个断根的意念，而最多只是把注意摆到相对意识的根源。透过这个根源，让我们不费力、不知不觉进入绝对的范围，一直到我们相对的意识不会再启发作用，甚至，不想启发作用。

最多也只是这样子，也就轻松完成我们这一生来最主要的目的。

我才会说，每一个人都可以彻底断根。我们最多是透过醒过来，发现“我”这个机制不存在，也就这样子，完成这个大家认为不可能完成的工程。

醒过来了，一个人会发现，其实什么都没有发生，因为他不是用“动”或各种发生来衡量自己的领悟。

醒过来了，一个人也自然发现，连讲主、神、佛性、大我……本身都是大妄想。其实并没有一个具体的东西叫做主、神、佛性、大我……我们也没办法形容出来。但有意思的是，我们还是可以声明——我们就是它。

前面也提过，我们最多只能活出它，因为我们就是它。

我们自然也会发现，臣服和参，其实是两面一体。

臣服，最多是把我们相对的意识交给大我，也就是相对意识的根源。接下来，什么都不用做。我们想追求的，自然会完成它自己。这个完成，和“我体”已经一点都不相关了。

我才会不断地说，参和臣服是为最成熟的修行者所准备的。是我们身心完全和一体接轨，而且不知多少辈子透过练习在接轨，才走到最后可以接触它、接受它，让它带着我们完成自己。

尽管严格讲，真实或一体没有什么机制好谈，但如果还要勉强谈一个机制，那么，为什么只有透过参和臣服这两个机制，才可以完成这个作业？

其实，我们就是用其他的方法，也许是专注在一个点上，或是用观来扩大意识，或是其他任何法门，走到最后，早晚还是会回到这个人间，而难免还是踩不了刹车，二元对立还是会启发作用。

毕竟这些其他的方法，都有一个前提：头脑是真的。

这些方法，站在这个前提上，以为透过练习或修行去压抑头脑的作用，就可以把头脑消失掉。但是，一般人大概都没有仔细思考过，这种作法是不是真能达到它所追求的效果。

别忘了，这个前提其实是错的。

头脑是虚的，并不是实质的存在。把头脑当作真实，还设计出那么多方法去压抑它，不光没有效，也压抑不了。头脑还是可以绕过这些方法，或等这些方法结束，再继续起伏。

是这样，我才会一再强调——参和臣服，和其他的方法完全不同。

参和臣服，最多只是承认——所有的现象都是假的、头脑是虚构、个体性是虚幻；再怎么用各种练习或方法去压制它，不光没有用、不需要，更是多余的。我们去压抑一个不存在的东西，不光化解不了它，还反而是在肯定它，让它好像真的存在，甚至让这个幻相更强烈，还可能换个别的方式延伸出来。

就连前面提到，一个人常常停留在大我，意识扩大，而自然出现各种“超自然现象”。一样地，这些超常的能力，本身到最后还是一种主要的阻碍。一个人假如没有“全部生命系列”的这些理论基础，要突破这个阻碍，可以说是几乎不可能。他可能要经历一生又一生、一世又一世，一再地活出种种微细、妙不可言的可能，某一天才突然体会到——

咦？为谁，还有这些超常的能力？

是谁，还在体会到？

谁知道？

谁还期待？

谁重视？

这时，才自然走到了参的门口。

一样地，我们就是进入小定（*nirvikalpa samādhi*），即使不只这一世可以入定，甚至数不完的生生世世都在入定，早晚有一天仍然会从小定出来。这时候，头脑还是一样启发作用，而我们一样会问：

之前入定的，是谁？

之前在定的，是谁？

有过天翻地覆的领悟的，是谁？

而这个知道的，又是谁？

我们最多也只是回到参或臣服的轨道。

既然不管我们采用什么方法，进入再深刻、再微细、再奥妙的意识状态，走到最后，还是会浮出来同样的问题，那么，为什么不把这个问题摆到最前头？为什么不把这条为最成熟的人准备的路，变成你我的第一步？

也就这样子，为你我省去数不完的时间。

当然，我在这里还是要提醒，前面提到——参或臣服，是为最成熟的修行者所准备的一条路，这种说法，本身最多还是一种比喻。事实是，一个人听懂了这里所表达的观念，倒不需要用任何方法，可能不费力也就醒过来了。只是我必须承认，能够不用任何方法，自然就醒过来，这样的人是相当稀有难得，可以说是少之又少。

13

臣服，和参其实是两面一体

我在“全部生命系列”不断强调，臣服与参，其实是大同小异。最多，我们可以说臣服与参是两面一体，是同一件事的两个不同切入点。前面，我用大我的观念来谈参。一样地，也可以借用大我的观念来谈臣服。我会在下一章打开另一个层面，也就是透过爱（大爱）来臣服。然而，在这一章，让我先从大我谈起。

站在这样的角度，臣服最多也只是肯定、包容、接受、容纳一切。是透过这种“接受一切”的念头，我们反而轻松地让“主体－动－客体”的二元对立中断，让主体倒不需要随时取得某一个客体。这一来，我们也不需要随时去取得一个意思。念头，也就自然降低，甚至消失。

接受一切，也就是面对样样，我们都可以接受。尤其在脑海里，我们一有任何念头，比如想到我、想到你、想到他、想到一个东西、想到任何行动（做、想、预测、投入……），想到任何客体（行动、思考、表达的对象——对谁可以做、可以想、可以称赞、可以责备、可以教导、可以帮助）……无论是在哪一个层面的各种念头，一样地，我们都可以接受。而我们自然会发现，这种接受的念头，随时可以切进念头的连锁，而随时可以中断它。

我们可以这么做臣服的练习，就像这样：从早到晚，不断提醒自己——

一切，不光是好，不光是刚刚好，而还是刚刚好我在这个瞬间需要的。

除了这个瞬间，我倒不需要追求任何其他瞬间。

我来这个瞬间，不需要成为是谁，我也不需要到哪里，可以轻轻松松地谁也不是、哪里也不需要去。

一切，老早都完美。

这一来，每个瞬间所带来的，都刚刚好。

除了眼前的、心中的瞬间，其实没有什么动机还值得我去注意、去追求或去抗议。

透过不断声明一切都好、样样都好、都刚刚好、一切都是完美、宇宙不会犯错……我们也只是不断地肯定、包容、接受、容纳。既然样样都好，好像连下一个念头、下一句话都可以省掉，都不用再继续。全部的动机（无论想做什么、说什么、解释什么、分析什么）自然消失。我们好像连一个念头、一个觉察，也懒得完成。接下来，任何念头，也就不再有绝对的重要性，甚至，不再有任何重要性，而自然变成多余。

无论眼前来什么，我们最多是肯定一切，也就结束了。

我们肯定、接受每一个念头，不知不觉，我们甚至会发现，是臣服、肯定、包容、接受、容纳……这本身远远地比念头更有趣。用这样的方式来做臣服，不光更不费力，而我们无形当中体会到一种完整、舒畅、放松、稳定、欢喜的感受。就好像臣服本身是一个稳重的锚，带来一种力量，帮我们住在、定在念头还没有来之前的原点。

这个原点，最多只是大我。我们，只是大我。

住在大我，本身就是带来一种完整、舒畅、放松、稳定、欢喜的感受。

是这样，我才会说臣服和参是同一回事。从这个角度，可以说臣服与参都是随时让自己回到原点，住在大我，是大我。真要说有什么不同，最多只能说臣服和参的切入点还有些差异。

参，是透过“我是谁？”将眼前、心中一切“主体–动–客体”的连结，简化到主体，甚至让注意力回转到主体的上游，让我们体会到自己就是这描述不来的存在。

然而，臣服，透过接受、包容一切、“一切都好”，是从主体的下游切入，让我们在还没有发生“动”，或还没有透过“动”取得一个客体之前，踩个刹车。我们已经在告诉自己：到这里，觉察不觉察、取得不取得一个客体，已经不需要，已经是多余。眼前的这个念头已经完成它自己，我们不用再去追究，也不需要再追求。

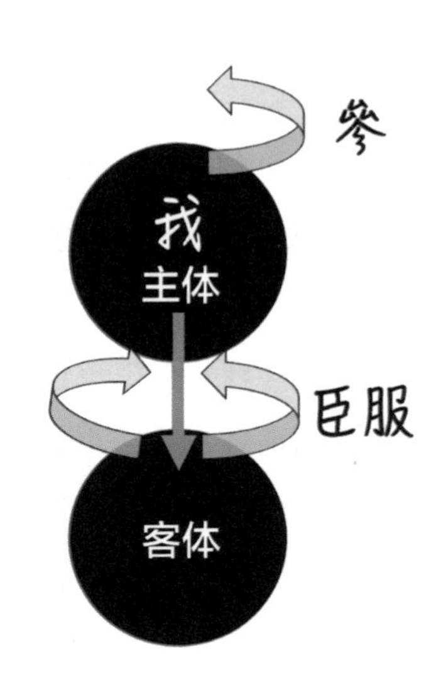

我们用“一切都刚刚好”这个方

法来臣服，也就像前面提过的是把这个最根源的主体围绕起来、拥抱起来。主体，自然发不出任何一个动机，注意不到任何客体、任何动态。我们最多是停留在主体，而一再地轻松停留在主体。

当然，到头来，我们也会发现，连说是从主体的上游或下游切入，都还是一种比喻。其实，一个人停留在主体，也没有什么上游或下游的分别，一切都是完美，一切都是完整，一切都老早已经完成它自己。

每一个瞬间只有这个主体，只是这个主体，一个人自然进入沉默，进入宁静，进入平安。或许在别人眼中，还会觉得他倒霉，认为他受委屈，想为他抱不平，甚至催他为自己抗议或表达什么意见。然而，对他而言，既然一切是刚刚好，也没有什么动机要再去多谈。

毕竟，如果可以追究的样样，本来都好，而还没有追究前，样样其实也只是刚刚好。那么，还有什么好追究的？

透过臣服，我们轻轻松松地肯定再肯定、接受再接受，到最后，反而把样样都放过了。样样，都可以来；样样，也都可以放它走。到最后，就连肯定、包容、接受、容纳，都是多余的。无论眼前要面对的是什么，都跟自己不相关，而我们可以轻松地观察、见证。

熟练了，甚至连见证都消失。我们也自然发现，没有什么东西好见证。

既然样样都可以放过，样样都不在意，没有谁在见证、没有被见证的东西和对象，也就这样子，我们一切顺其自然，而对样样都可以不粘、不执着，可以抽离出来。

臣服，可以把人带到这样的状态。这一点，可能是我们过去想不到的。

不管怎么讲，臣服还是离不开大我。最多，是透过臣服和肯定，我们不断把注意带回到大我的原点，不知不觉让头脑得到休息，而舒畅地住在大我。而大我本身，和前面讲的一样，和“我－在”也没办法分开，本身最多是一种满足感，或微细的存在的感触。

接下来，什么都没有。

从这个角度来看，我们也自然明白臣服和参一样地，可以打破二元对立的机制。不光如此，它是又轻松、又正向，就可以完成同一项作业。表面看来是不同的方法，但其实是一体两面。

是透过臣服与肯定，我们不断回到这个原点——大我。此外，没有什么可以追求的。就好像这个意识的原点，是我们在人间剩下的最后一个点，是我们值得在人间活出来的最后一个点；而这个点，比什么都更有意思，本身是唯一值得我们让意识停留的。

我在前面提过，费力不费力，是一种相对的观念。费力，本身就是一个“我”的特质。讲费力，本身就是小我在作业。是进入相对意识的范围，我们才可以衡量一件事费力或不费力。是对小我，才有费力。对小我，样样都消耗能量，需要使力，而不可能不费力。

无论是参或臣服，作为一种练习时，我们将注意向内回转，一开始是费力。然而，只要停留在大我，反而不可能费力。停留在大我，“主体－动－客体”的连锁没有一个客体可以连结，而费力的念头、动机也起伏不了。费力的“我”已经暂时消失了。

参和臣服之所以是最轻松的练习，也就在于这两个方法并不是去管束、控制、压抑头脑，更不是去把念头消失。反而是我们透过练习要刻意专注在一个东西，才比较难。刻意地专注，相对地消耗比较多的能量，也才费力。

参，最多只是我们把注意从这个不存在的世界收回来，落到跟这个虚拟世界不相关的最根本、最真实的状态，而这其实就是大我。它是最轻松的。

假如我们感觉不轻松，其实已经走偏、走错了。然而，即使走歪、走偏了，这时候，我们最多透过臣服，让念头和烦恼来，让它走，不去跟它对立，不干涉它，也不抵抗它。

这一来，我们的注意反而自然回到大我，滑回到最根本的状态，落回到原点。我们只要停留在这个原点，而透过臣服不断地肯定、声明它、不断地是大我，和参一样的，早晚这个作业也变成不费力；而在不费力当中，这个原点、大我也一样地，早晚站不住，而迟早被心吸收掉。

我们做到最后会发现，就连透过臣服继续声明，都好像已经是多余了。它已经扩大到无限大——自己自然验证自己、自己自然支持自己、自己也就完成自己，倒不需要我们再加上任何念头来描述它。其实，本来也描述不了。

再有念头，我们最多也只是需要接受它、肯定它、包容它、容纳它，甚至放过它。它自己本身也就消失了。

一个人成熟了，这种消失，自然会变成不费力，也自然会变得彻底。

14

臣服和爱有什么关系？

在这里，我要从另一个层面来谈臣服，也就是爱——大爱。

虽然我不断地强调——参，是再简单不过的练习方法，最多只是不断声明我们本来就是而且最主要的部分。但是，每个人的特质、属性和性格都不同，很多朋友可能还是认为参比较抽象，觉得不容易着手。我要提醒这些朋友，做不了参，也还是可以选择臣服。透过臣服，其实，一样地可以走到相对意识的源头，结果不会输给参或任何其他的方法。

我在“全部生命系列”提到参，是用一种还有个东西可以捕捉的方式来进行，倒不是用一个偏抽象或否定的方法来切入。讲到臣服，我们一样可以用这个理念来进行，而最直接的方法，就是透过爱——爱的感受来着手。

我会这样子提，因为爱其实就是我们的本性，而且它是最直接、最大的力量。用螺旋场的比喻来讲，爱是扭力和速度都最高的螺旋场，也是我们在大自然随时可以体会到的。是这样，我们才对爱特别感兴趣，而在人间不断地自然想回到它，或和它接轨、得到共振。

用另一个角度来看，是透过爱的连结去加强、促进、提升周边的能量场（加快速度和扭力），我们才有这个生命可谈。这些话，大自然其实随时都在示范，而我们处处都看得到实例。我们仔细观察，生命的所有展现，无论一朵花、一个台风都离不开螺旋的作用。螺旋的形态是愈到中间，转速愈高，扭力愈大，却反而变得愈不费力。举例来说，处在旋风中心的暴风眼，是出乎意料的宁静，能量（我们可以说是还没有消耗的潜能）反而是意想不到的大。一般所讲的超导体，也是如此。一个物质进入超导体的状态，也就是进入一种最根本、最自由、最不费力、阻碍最低的状态，而自然把“动”转回到潜能。

念头、任何能量、我们意识的状态，其实也是如此，只是我们平常体会不了。就像古埃及智慧之神托特［Thoth；后人也称为“伟大的赫米斯”（Hermes Trismegistus）］所说的“如其在下，如其在上；如其在上，如其在下。”（“As below, so above; as above, so below.”），在生命中，我们随时都有证据可以验证这些话。反过来，这里所谈的，最多也只是呼应我们在大自然每一天都观察到的。

借用爱的力量来臣服，一样地，也是最不费力的练习。我们就好像随时不费力地搭顺风车，它完成旅程的同时，也就把我们带到了目的地。

用这个角度来谈臣服，最多只是爱——爱主、爱神、爱佛、爱菩萨……爱眼前所有的一切。我们倒不需要自己先做任何否定，也不需要先把什么交出来，最多只是透过我们每一个人都懂的爱的力量，来面对主、神、基督、佛、菩萨、周边、宇宙、每一个众生、非众生。这也就是古人所说的 *Ātma bhakti* ——爱真正的自己。这个自己不是小我的自己，而是一体、整体，也就是神。

尽管如此，就连这样的表达，还是多余的。其实没有谁爱谁，没有哪一个体把爱交给任何一个体。最多，只有爱，只是爱。为爱，而爱。

爱，是我们的本质。即使没有人这么教过我们，我们也不知道这个事实，却很自然地在人间投射出爱。爱，是我们最原始的感受，也同时是我们最渴望得到的体验。人间种种的爱，最多也只是反映我们的本质。我们自然会一再想回到本质，也就不断想要重复爱的体验，就好像希望透过人间的爱回到本质。然而，正因如此，反而让我们可以借用每个人都有的这种动力来臣服。

只要一再地重复，我们自然会发现，我们本来想爱的对象，无论是主或神，本来就无法用念头或话来描述。它只是无限，只是绝对，只是永恒。到最后，我们倒不是去爱什么，而是轻轻松松体会到——爱从内心浮出来。

这个爱，可能是一种感受、直觉、共振或共鸣。接下来，我们没有什么念头可谈，也不需要去框架它。

再继续臣服，这个爱就活起来了。我们自然会发现它比我们的生命更大，而会带我们化解一切。到头来，它大到一个地步，会让我们明白是为爱而爱，而不是去爱什么，也不是透过爱得到什么。这个爱，甚至比我们解脱的欲望都更强烈。它是没有目的的爱。

这个爱，它没有一个动作，甚至连动力都没有。就好像我们的生命自然成为一片爱，而是爱在爱在爱——爱到底。

这时候，我们也没有什么慈悲可谈，没有“谁”可以去可怜谁或慈悲谁。我们原本还认为有些人可怜，认定有些人更值得帮助。这时候，我们自然发现连这种人和人的区隔，都只是从这个无条件、不分别的爱的场做了一个分别。把无条件的爱，带到一个人间认为的爱或不爱的范围。

一个人，不断地活出这个爱的场，遇到眼前有人需要帮忙，他自然会帮助人、鼓励人、给人称赞、为人打气。但是，他不再有一个“谁”在做，没有一个“做的人”——没有一个“人”在爱，没有一个可以爱的对象，而“谁去爱什么”的观念，完全消散。

在人间的眼光，他只可能做善事，散发满满的光（我们当然可以称为爱的光）来面对一切。无论对象是人、动物、东西，甚至一块石头，都一样。

但是，从这个人的角度，他其实什么都没有做。去做的，已经老早不是他——不是过去的小我，甚至连大我都不是。他也不晓得为什么在“做”。对他，已经没有什么做或不做，最多只有爱。

15

Netti Netti 不是这个，不是这个

这本书前面提过 *netti netti*“不是这个，不是这个”的作用，我也说它最多是一个临时、短期的练习，是为了让我们身心安静下来，而可以进行参或臣服。在这里，我想就这个观念再做一些补充，避免造出误会。

我们仔细观察，“全部生命系列”所谈的参或臣服，还是含着一种正向（positive）的观念，还是让我们的头脑可以住在或守住一个点。比如说，参，最多只是让我们定到相对意识的最源头——我在这本书称为大我。臣服，也只是把自己交出来，交给谁？也是这个大我。两者都还是含着一种可以取得或可以抵达的观念。

我们采用这种取向，本身就是顺着头脑二元对立的机制来进行。我们的头脑，是透过“取得什么”而建立—— 一个主体一定要取得或守住一个客体，才能建立头脑二元对立的逻辑架构。

我们通常意识不到，光是我们自己从早上一张开眼，体会到世

界，已经完全在采用这种取得的机制。就连我们睡着了，夜里做梦，还是采用一样的机制。最不可思议的是，甚至透过 *netti netti*“不是这个，不是这个”，还是可能在用这个机制。毕竟，是谁在声明“不是这个，不是这个”？还是头脑。依旧是头脑在取得它自己否定的一切，同样离不开它最根本的机制。

无论是透过“我－在”的静坐、臣服、参或其他方法停留在大我，这种大我的感受会绕过头脑的作用，会避开念头的领域，而让我们自然想要随时守住大我。它本身带着一种我们在人间找不到的欢喜和光亮，而自然吸引我们的注意，让我们觉得更有意思，让我们宁愿守住它。我才会说它是一种正向的作用，而不是需要去拒绝或否定。

懂了这些，我们自然会理解“全部生命系列”的前提——也就是顺着头脑取得的功能，轻轻松松让自己定到大我，而大我到底。这个机制并不是透过否定任何东西，也没有要去违反头脑的运作。

我在这本书引用过这样的比喻：用头脑来修行，就像让小偷当警察，再让警察回头去抓小偷，是不可能的。古代大圣人用这个比喻，就已经解释了前面这几段的重点——头脑，绝对否定不了自己。毕竟，它本身的机制就是要守住、衡量、延伸或得到一点东西。靠它自己本身，是否定不来自己的。

就连我们一般所讲的否定，也还是要先取得，再做否定，并不是纯粹的否定。而且，即使透过纯粹的否定，也不会让我们进入一体。再怎么否定，最多只能把我们的注意，从人间一再地回转到一个怎样都没办法否定的体。这个体，就是大我。

然而，我要再一次提醒：大我，并不是修行最终的目的——一体、心。大我最多还是在一体和心的前景，本身还是在相对的范围。

我们懂了这些，自然可以选择——不一定需要否定任何东西，而可以更直接地透过参或臣服选择守住大我、停留在意识的门户，而省掉费力和时间。

当然，我们明白了这一点，也自然发现 *netti netti*“不是这个，不是这个”并没有带来什么矛盾，最多是帮我们头脑过滤人间带来的杂念，让我们轻松地回到大我。

这时候，你我也可能发现，*netti netti*“不是这个，不是这个”和臣服与参没有两样，是多面一体。一个人透过净化，消失念头，不费力地住在大我，定在大我。这时候，再浮出任何念头，也只是用 *netti netti* 轻轻地提醒——不是这个，不是这个。

站在大我，没有任何东西可以存在，这本身自然已经否定“个体性”。其实，我们并不需要刻意去面对个体性。停留在大我，头脑并没有在做区隔。不光没有个体性，就连任何观念也跟着消失。甚至，连整体的观念，也起伏不了。一切，最多只是它自己。本来是什么，就是什么。即使又落到了个体，从任何角落，透过否定，我们也就轻松回到大我。

简单来说，*netti netti*“不是这个，不是这个”的提醒，并不是要我们去追究“既然不是这个，是什么？”或“为什么不是这个？”而是透过最不费力的提醒，想起自己和大我其实没有分手过。我们也就透过 *netti netti*“不是这个，不是这个”的练习，一再回到大我。这种作用，和参是完全一样的。是这样子，我才一再地带出 *netti netti*“不是这个，不是这个”。只是，这个方法和它的目的，可能跟你原本想的不同。

最奇妙的是，无论是肯定或否定，都会让我们走到同一个点，是大我。

我认为最有趣的是，臣服，是带来一个肯定的念头，而 *netti netti* “不是这个，不是这个”是带来一种否定。然而，我们会发现，无论是肯定还是否定，都可以让我们的意识回到一个原点；而这个原点，就是前面所讲的大我。

再进一步讲，无论透过肯定或否定，我们都可以打断二元对立，将“主体－动－客体”的连锁随时打断。打断了，我们最多也只是轻松回到最前头的一个点，也就是人间最源头的主体、相对意识的原点。

这一来，无论透过肯定或否定，一样可以把主体隔离起来。这个主体最后也就支持不下去，自己消失。而且，从这个角度来看，其他的练习方法，无论哪种练习、哪种静坐，到最后也都是一样的。

举例来说，一个人持咒，假如完全专注，到最后，其实是念不下去的。持咒的“人”、所持的“咒”、持诵的经过，已经完全三合一。对他，没有一个“谁”可以持咒，没有咒可以被持念。他的心是一片宁静、一片沉默。

当然，头脑早晚还是会起伏。然而，这时候他是特别清楚，透过大我，马上可以看到念头的启动。在这当下，他当然可以立即回到持咒，但是，他也可以只是轻轻松松看着这念头的根，看着它启发。反而，它也自然消失了。

到这里，持咒不持咒，都已经是多余了。

一开始，持咒是为了让头脑安静下来。到了这里，我们透过净化，已经到了相对意识的根。这一来，持咒和透过臣服、透过参、

透过 *netti netti*“不是这个，不是这个”回到它，又有什么不同？

我敢再进一步讲，一个人懂了这里所说的全部，也自然会发现，停留在大我，不光否定是多余的，就连这里讲的参和臣服都是多余。甚至，连任何练习都是多余。最多是有时候从大我又延伸出小我，我们才需要练习（或者更贴切地说，是需要练习带来的提醒）。

是这样，我才会一再强调臣服和参是最有效率的练习，而这样的练习，最多只是不断地肯定、不断地回到这样的领悟——相对世界的一切，都是从大我延伸出来的。我们只是一再地回到这样的领悟，肯定这一个领悟。透过这样的练习（我们最多只能称它为“不是练习的练习”）也只是不断地提醒自己一个最基本的事实，一个最轻松的领悟。

别忘了，大我随时都存在。无论我们发出念头的前中后，乃至于采用任何动作的前中后，大我随时都存在。如果我们还想去定到它，或还要一再地回到它，这本身又是多余的动作，就好像额外加了一套程序，还想把大我变成一个要头脑去追求的客体。

其实，一个人轻轻松松地，最多只是自在——自己存在，只是存在。自己存在什么？也只是你，是你早就已经是的自己（Be, just be. Be what? Be who you are. Be who you always already are.）。

一个人自在，自然活出大我，也同时自然定在大我。尽管他还是一样在动、在做、在人间忙忙碌碌，依然随时清楚地知道，没有哪一个运作、念头、哪一句话离开过大我。他最多只能自在，让任何念头来，也可以让任何念头走，更不需要去引导、改变、消失任何东西。

这种无欲无求、无所求、无可求的状态，才真正符合我前面所谈的一个最成熟的人的状态。在这种状态下，他很明白没有一句话可以表达这种领悟，更没有哪一句话足以描述这种理解，也就不知不觉选择这个状态。这个状态，最多也只是沉默。一个人随时停留在大我，选择沉默，自然也会明白没有一个东西或状态叫无欲无求。

这种沉默，他也会发现跟讲不讲话、动不动一点关系都没有，是心的沉默，倒和外在二元对立的动静没有什么关系。

一个人站在沉默，什么都好。什么都可以接受，什么都不在意。甚至连这一生可不可以完成这里所讲的大工程，他也不在意。

他知道，这跟他的“我体”“我结”“我念”一点都不相关，他最多只能轻轻松松走下去。至于走到哪里，跟这个“我”（无论大我、小我）一点关系都没有。所以，也没有什么东西值得谁去在意。

这才是我在这本书真正想表达的。

16

把神经回路当作醒觉的工具

为什么我要一再地强调，臣服与参也只是顺着头脑本来就有的机制，而能让我们随时回到大我？

前面已经提过，我们头脑的机制，是透过二元对立的作业（主体取得一个客体）和我们称为回路的循环所建立起来的。我在《真原医》和《静坐》老早已经提出来，要改变习惯或习气，靠的不是压抑，而是投入一个新的习惯，建立一个新的回路。

有了新的回路，我们自然减少使用旧回路的机会。旧的习惯或回路愈来愈少被使用，不知不觉，它对我们也不再重要，甚至，可能也就从我们的生命里消失。

神经回路运作的机制，本身就是靠着去抓取一个东西。它会一直想抓客体，无论是新或旧的客体。如果我们充分懂这个原理，也就可以利用这个回路的力量去建立一个新的回路，而效果会比我们去压抑旧回路更好。

修行、解脱、跳出人间也是一样的，不是压抑念头，更不是透过静坐去把种种的念头从根源取消掉。你到这里应该已经知道，这种取消不光是多余，其实也取消不了。念头本来是虚的，如果我们还要刻意去取消一个虚的东西，最多是把我们自己从一个虚拟的状态，带到另一个虚拟的地方。

然而，知道归知道，我们还是会跟着头脑“主体－动－客体”的运作走，还是希望透过什么方法能把念头的根除掉。于是，我们也就忙这个，忙那个，忙着修行，忙着解脱。再换句话说，我们会认为自己还没见道，无形当中，也会认为自己需要克服，而还要有个动——去修行、去解脱、去见道。然而，这本身就是我们最大的阻碍。

我之前常劝朋友——压抑念头是绝对行不通的，甚至会带来一层不需要的反弹和阻力。假如我们要去违反头脑运作的机制，用苦修、用种种的练习去压抑它，反而愈压不住。它一定会从别的地方反弹，再延伸出一个别的回路。用拟人化的方式来说，我们去压小我，小我自然会觉得“好，你来压制我，我非要往别的地方去露出头来折磨你”。这是一个我们没办法违反的人间的基本法则。

我才会说，一个人想修行，光是懂静坐、盘腿、摆个姿势，即使重复几百次，其实也没有什么用，他最多只是得到一种净化、谐振、合一、同步，并没办法真正从人间走出来。

真可惜，绝大多数的人，都是这么做的。

其实，就像我一再强调的，面对习气，我们不需要去压抑，更不需要强迫自己去处理它、对付它。要修行、解脱、醒觉，我们要做的，不是和头脑“主体－动－客体”二元对立的架构对抗，而最多也只是顺着它的架构，轻松产生另外一个回路，让自己投入另外一个回路、再一个新的回路。我们没有费力，也就从旧的回路走出来、把旧的习气忘记了。原本困住我们的习气，已经转化成另外一种状态、另外一个习惯，也可以说成为新的习气。

假如这个新的回路、新的习气就是前面所讲的机制——透过“主体–客体”的动一再地回到主体，那么，即使我们透过念头所建立的练习其实都是虚的，但是，就像我在第 8 章“大我，是相对和绝对意识的门户”提到的，我们还是可以像哄小孩一样地，透过念头，将注意力转回到主体，转回到大我。

真没想到，就是那么简单。就像这张图所表达的，我们自然建立了另外一个回路——把主体守住，把它拥抱起来。那么轻松，一点都不费力，我们已经让头脑净化，让它脱胎换骨，而不违反任何头脑运作的机制。这样的回路自然带我们一再地回转到原点——从主体–客体建立的关系（也就是脑海和人间），一再地回转到主体，守住心的门户。

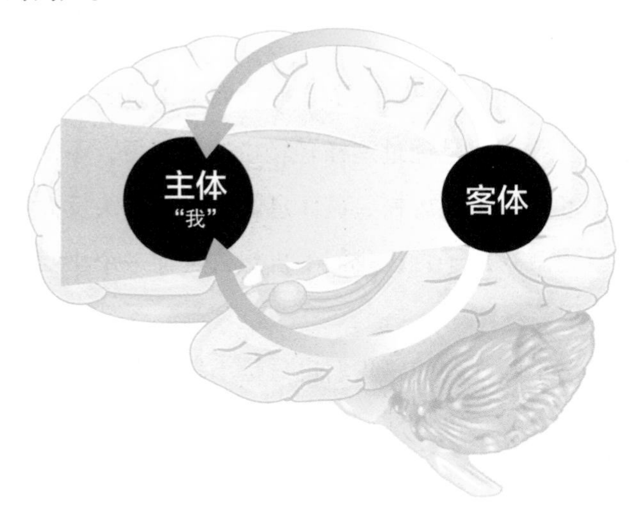

此外，全部宗教和法门都认为，走到最后，欲望是对一个人成道最大的阻碍。绝大多数的法门会强调，这样的障碍是需要去克服的。过去的做法，也就是让一个人去压抑头脑、压制念头、去舍离，守各式各样的戒律，想要舍弃世界和人间的诱惑。然而，我透过“全部生命系列”，尤其这本书所想表达的则是——这么刻意地去压制欲望，不光是不需要，其实也做不到。这个道理，用这一章前面谈的神经回路来看，是再明白不过了。

我过去在《全部的你》《神圣的你》都提过，脑部的配线，老早准备好让我们体验全部的本性，也说——人的左右脑架构，老早等着我们醒觉。透过臣服和参，我们也只是轻轻松松地把注意力摆到最源头。一开始还有一点费力，到最后，变成完全不费力。这个新的回路，会让我们觉得愈来愈有趣，而完全吸收我们的注意力。就这样子，我们完全不需要、不会想把注意力摆到欲望或念头。而且，我们是自然而然觉得不需要、没有必要、注意不到，而不是刻意去避开。欲望，对我们自然失去了吸引力，已经不能称之为欲望了。

更有趣的是，这个过程，完全是靠我们本来就有的神经回路的机制而完成的。我们只是透过这样轻轻松松地练习，不知不觉中，比起各种念头和烦恼，最放松、最休息的大我和源头反而让我们感到更有兴趣。也就这样子，让我们不再想去延伸一个小我，不会想再去抓一个欲望。

就像这本书不断强调的，我们也只是不费力把注意摆到一个原点。这个原点、大我，也只是人间一切现象的原点，还不是绝对本身。就这样，透过这种轻松的练习、回想或提醒，我们已经建立了一个新的回路。而且，就在回路运作的过程中，这个回路会自然不断扩大它原先的出发点。小我的二元对立不再延伸，大我自然成为我们一再重复的体验。

也就这样子，我们明明没有去对付这个或那个欲望，它反而自然消失。但是，“消失”这种说法也不那么正确。对我们，只是不断地停留在大我，也就不再有任何注意力去灌溉其他，种种的欲望也就好像经过了自然的淘汰，自然荒废掉了。我们什么都没有做。它反而起不来了。

同时，从神经回路的调控理论来看，一个回路除了透过事后的反馈机制（feedback）来做调控之外，也可以透过事先的前馈机制（feedforward）来运作。透过前馈的机制来调控，非但更省时间、省掉事后来来回回修正的冤枉路，而且正确度更高。

不过，这样的机制，和我们的修行又有什么关系？举例来说，我之前常常提到一个人还不够成熟，也就做不了臣服和参。然而，反过来，同样的论证，也在强调，一个人进行臣服和参，他自然就变得更成熟。更成熟，也就自然更容易投入臣服和参。这个逻辑，对一般人是难以理解的，甚至会认为有矛盾。

然而，用神经回路前馈的机制来看，也就是说——一个人如果知道了臣服和参其实只是轻松地随时放松到大我，而能够透过参、透过臣服随时让这个回路运作起来，自然能够让他自己更不费力、更稳定——更成熟。更成熟，也就更容易做练习。甚至，到最后是不费力停留在练习。

停留在参，停留在臣服，也就不断地在进展，不断地更成熟，愈来愈明白真实完全是我们最轻松、最根本、最不费力、最稳定的状态。这种状态，虽然没办法客体化（objectify）——没办法用任何名称来描述，我们自然会发现，不需要头脑的表达和描述，这个状态其实反倒是最稳定的。

透过这本书所谈的一个回到自己、回到主体的回路，我们不断地透过臣服与参的练习，反而会愈做愈轻松。这一点，其实不需要惊讶，它本是理所当然。无论从神经的电传导还是细胞生化作用的角度来看，一个回路运作久了，本来就会愈来愈顺、愈不费力，这才是回路真正的用意。

奇妙的是，我们只是透过神经回路本来就有的机制，不知不觉，也就醒过来了。

17

无欲无求

在第 15 章的最后，我提到“无欲无求”。这一点，在我看来是一个再重要不过的观念，可以为我们带来一把最关键的钥匙，让一个人可以一路走下去，而没有退路。

前面已经提过，古今中外的任何宗教，为了教人得到救赎或解脱，到最后，所强调的也是一种无欲无求、无所求、无可求的心境。也是因为如此，所有的宗教才把它当作一种要追求的境界或状态，而想透过舍离、持戒、苦修来达到。

一个人停留在大我，其实自然进入没有欲望、没有渴望——无欲无求的状态。然而，我们一有欲望、一有渴望，包括渴望一种无欲无求的状态，这本身已经是小我又想去抓一个客体，启发“主体－动－客体”二元对立的作用。

我们几乎不会发现，就连这种想把欲望去除的渴望，本身一样还是欲望。大多数人从来没有想过，要达到无欲无求的状态，不是经过持戒，不是经过舍离，不是经过苦修，最多只是轻松地让头脑顺着心理“动”的本能去练习，练习抓住一个点——大我。停留在大我，任何欲望也就自然起不来。

既然欲望起不来，那么，我们还需要透过持戒、舍离、苦修来去除它吗？最有意思的是，我们只是用一个顺着头脑运作的方法落到或定在大我，接下来一点都不费力，这些欲求、渴望和追求反而无影无踪。我们多生多世所追求的任何欲望，甚至对无欲无求的渴望，也自然消失。

是这样，我才会说“全部生命”是最简单、最不费力。甚至它是简单、不费力到一个地步，反而没有人会相信。既然不相信、没有信心，接下来当然也就做不到。

我们一般人做不到，其实也只是我们又落入了二元对立“主体－动－客体”的架构。就像前面提到的，把大我当成了一个客体来追求。一样地，我们也会觉得好像有一种状态叫做无欲无求，而且还会认为这种状态是可以追求的。

“无欲无求”本来是不追求任何状态的一种领悟，也就这样子又被头脑变成了一个可以追求的客体，被当作是要透过“动”去得到“不动的无欲无求”。也就如此，我们不光是这一生让头脑运作的架构误导自己，甚至可能是生生世世都被带着走。在我所接触过的修行者中，这是绝大多数人最容易落入的误解，但自己完全意识不到。

我才会在“全部生命系列”一再地强调，透过相对的意识、相对的状态，要领悟到无限大的绝对，是完全不可能的。人类头脑的机制，本来就建构在各式各样的欲求和渴望之上，总是要去抓一点东西，总是有欲有求。我们透过这样“有欲有求”的机制，想去达到“无欲无求”，其实只是无谓地为难自己，跟自己过不去。毕竟，这一点，不光是做不到，甚至，假如我们愈想去做（欲求的动力愈强），反而只会进入一种无力感、一种失望。

总有一天，我们会自己发现——这种追求，是做不来的。这个目标，是达不到的。再怎么追求、再怎么想达到无欲无求的目标，也只是在一种虚的状态里，想去追求、变成另一种虚的状态。

我们会发现，要从人间任何一种头脑的运作、任何练习，去消除欲望，去达到无欲无求，是不可能的。毕竟，任何理解，本身就是透过头脑的“动”，是透过头脑的欲求，才得以建立出来。在这样的机制下，我们又怎么可能理解“无欲无求”？这是最基本的道理，是我们不可能违反的。

在这里，我要再一次提醒，觉得费力或不费力、有欲有求或无欲无求——这种种二元对立的观念，完全是因为小我才有。毕竟小我、头脑本身就是靠动、摩擦、要克服阻碍、要有个差异才得以成立，就连我们生起一个念头都是靠摩擦、差异、克服、对立才可以得到。可以说，只要有小我，不可能不费力，不可能没有追求。

就这样，我们透过小我给自己设立一个门槛，好像样样都有困难度。再怎么简单的东西，也还是有一个难度需要我们去克服。既然有小我，有难度，有费力，也就让我们的头脑建立一个观念叫做修行——非但认为人生虚构的状态是真的，更要认真从这个虚构的状态跳出来。不只如此，我们还要给自己设立种种的难度、里程碑，认为需要克服、需要达成。

既然小我、头脑本身是透过努力和费力才能成立，“全部生命系列”所谈“不费力”“没有追求”“追求不来”的观念自然会产生一个矛盾，是头脑不能接受也不可能理解的。透过小我，我们不敢相信醒觉是比简单更简单的作业，也不敢相信真实是不可能用人间的比喻来描述的。

现在，你应该已经体会到，谈不费力、谈无欲无求，对小我而言是一个不可能理解和接受的重点。大多数情况下，我们即使理解，也只是理论上短暂的理解；就算感动，多半也只是情绪片刻的松动。没有全面的信心，我们接下来自然会用各种言行举止把这个理解给否定掉。

我才会在这本书的第6章提出来，即使小我理解不了“不费力”，但是“费力–不费力”这个议题本身已经足以作为一个指南针，为我们指出方向——如果有一件事，是我们认为透过费力可以得到的，那么，它本身还落在一个相对的范围，并不是绝对、无限的真实。

相对地，醒觉、真实完全不费力，甚至是简单到让人难以置信。事实就是如此，就是这么简单，而每个人竟然都认为不可能。我才会透过“全部生命系列”出来扮演这个角色，来谈语言不可能谈清楚的范围。

真实、醒觉、无欲无求不是透过练习、透过修行、透过任何追求、任何作业可以得到的，这个状态本来就是我们的全部。如果还要谈练习，那么练习的作用是帮我们集中注意力，充分体会到——我们不是透过任何练习和费力可以得到真实和醒觉。彻底理解了这一点，我们才可能自然而然把练习、不练习的追求放掉。

我在前面提过，一个人有多么无欲无求，其实这本身也就反映了他的成熟度。用大我来谈，也就是一个人停留在大我、定在相对意识的根源，他其实延伸不出来任何念头、要求和期待。他自然会发现，无欲无求其实就是自己的本性，最多只能说是自己本来就有的状态。是这样，它才会是追求不来的。

无欲无求，是我们追求不来的。既然追求不来，我们最多是轻轻松松地把这个人间看淡、看穿。而看淡或看穿的方法，也只是让自己的注意力回到人间的根源、回到相对意识的起点。也就这样子，我们最轻松、最不费力，反而自然进入无欲无求的状态。

其实，最多只是这样子。

一个人走到最后，自然会什么要求都没有。甚至，连一个需要救赎、解脱、成道、见道、顿悟……的要求都没有了。他老早放弃。这些念头，也起不来。

只有这样子，我们才可以突然理解过去大圣人所讲的无欲无求。

到这里，参和臣服的作用最多是对我们自己做一个轻轻松松的提醒。前面也提过，到后来，连这个提醒都是多余的。需要提醒，是因为我们已经离开了无欲无求的心境，进入了有欲有求二元对立的状态，才会需要透过参和臣服来提醒。透过这样的反复工程，我们让自己体会到、看穿有欲有求其实是一种萎缩而扭曲的状态。而我们真正体会到这一点，自然也就回到最根本、最放松的状态——无欲无求的心境。

我还是要再强调一次，无欲无求，倒不是去追求来的。

反过来，我也要更大胆地表达，即使我们做不到无欲无求，在人间样样的吸引之下，还不断地有欲有求，有各式各样的渴望，其实也没有什么真正的损失。只要我们突然想起来，回转过来，那么，一样地，最根本的状态、无欲无求的心境还是在那里等着我们。

从头到尾，我们没有任何损失，也不需要去懊恼或后悔。这些，都还是头脑多余的作业。种种懊恼、悔恨、自责或检讨，最多只是头脑的无事生非——非要变出一个客体、一个对象，让我们去责备自己，还要去分析自己为什么做不来，从中又延伸出一连串的故事，甚至还是修行的故事。

18

业力和个体性，是一体两面

我在“全部生命系列”的作品，还强调一个重点。这个重点，在修行的领域一般很少被深入探讨，也就是——对业力正确的看法。

过去一般的说法，都在强调要我们多做友善的事，来解散业力、清除业障或偿还过去的业报。这些话，确实说对了一部分。毕竟，每一个动作、每一个行为都有后果。做友善的事，当然有友善的后果。对一般人，我们还是要强调做善事的重要性。但是，我过去也常常提醒朋友，这种业力观只是给初学者的一种经过简化的版本。事实是，透过“做”或“动”（哪怕是好的做、好的动），永远不可能消失因－果的力量，最多只是把它扭转到别的层面或转成别的状况，倒不可能将它彻底消失。

业力，本身是透过“动”才有，是透过因－果才可以建立。再讲透彻一点，因－果和业力，本身就和“个体性”的错觉分不开。

有了因—果的机制，我们才有个体性的错觉。而有这个个体性，因—果才有作用。再进一步，因—果的作用，又回头继续强化这个个体性的错觉。可以这么说，只要我们还有一个“体”的观念，无论这个体是善或恶，业力的运转其实从来没有停止过。

更严重的是，任何行动、人、东西究竟是善或恶，还是由一个个体性的“我”在衡量。它判断的量尺和标准，是透过个人过去的制约（包括人间的教育、文化背景）所建立的。我们自然会发现，对某个人而言的好事，对其他人来说不见得是好事。

当然，对好坏善恶的判断，多少还是有共同的认知。但是，集体的认知依旧离不开“个体我”的作用，只是得到比较多个体的肯定与认同。是这样，我们才建立一种集体的文化，而设立一套可以被大家接受甚至认可的行为。

我才会说，透过服务瑜伽不断做善事，本身还在维持业力的运转。最多，只是将业力扭转到一个（从人的角度认为）比较好的方向。

另外，我还要提醒一个或许更关键的观念：我们所有人对业力的观念都是错的，都和事实是颠倒的。我们这一生，无论透过身体活出多少业力，其实还只是全部业力的一小部分。种种的业力，是从不知道多少选择、多复杂的作用里，透过过去所累积的动力或能量梯度自然排出顺序，才排进我们可以活出来的一生。

没有活出来的业力，可以说是数不完的，还在背景里，随时等着被活出来；或是也可能在别的境界活出来，但这个别的境界因为跟这个人间的“我”不相关，我们自然不知道。

然而，这一生究竟要活出哪些业力？这样的筛选，其实并不像

我们一般人所想象的，要靠一位神明或高灵来运作。最多，是依照过去各种场的力量大小来排列，而自然得出一个顺序，可以在这一生活出来。

但是，话说回来，说“不是一位神明或高灵在运作”，连这种话本身也是比喻。我指的是——不是人间所指或所想象的神明。假如说有一种机制在运作，它其实是一个没有体的体。而这个没有体的体，其实是最高的聪明。这种聪明，不光比人间的聪明远远更大，甚至，是我们理解不来的，即使用“聪明”来描述它，也是描述不了的。

我们一般人的逻辑是顺着头脑二元对立“主体－动－客体”的架构建立起来的，面对样样，也就自然要去追究，去分析什么是因、什么是果，了解一连串的来龙去脉。人间的运作有相当多的作业落在这个层面，心理治疗就是一个例子。在分析的过程中，要追究样样的来源——情绪问题是怎么来的？是这一生来的？还是出生时的创伤？甚或是前世的创伤？其实，这些分析是追究不完的。

我还是要提醒大家，分析这些，对我们其实一点用都没有，毫无好处。我们无论是想用各种角度分析、强化行为的善恶好坏，解释任何人间的机制，包括寻求心理疗愈或任何灵性的追求，一样都碰触不到真正的重点，而对自己没有什么实质的好处。这么做，反而最多只是让我们又多走了原本不需要的一条路，耗费更多时间做本来不必要的追求。

我们自己认为可以提供帮助的人或需要接受帮助的人，其实一样是小我。也就是说，需要帮助的人，是从“我”延伸的。而我们自己（可以提供帮助的主体）也一样是小我的幻觉。甚至，连帮助的动作和动机，都是从小我延伸出来的虚构的动。

这些追究，还是从一个假设出发——我们有一个身体，而这个身体等同于我们全部的身分。不只如此，而且这个身分还是独一无二，和别人、和其他都不同。

然而，我要再强调一次，这个假设本身是错的。

一个人是突然体会到过去的观念（包括个体性）完全只是错觉，是大妄想，他才能突然中断业力的循环。对这个人，最多只剩下这里、现在，而每一个瞬间都是新鲜的、独立的、自由的。每一个瞬间都是新鲜、独立、自由，他才真正不费力把任何连结瞬间和瞬间的机制打断。

只有这样子，他才可以把每个瞬间单纯化，让它接下来没有连结，而同时不受过去的任何瞬间的制约，更不用讲还留下什么负担。就这样，他自然不再建立一个个体性的观念。

既然每一个瞬间单独存在，跟任何其他的瞬间建立不了任何关系，他也就自然活出一体。活出一体，他最多只是突然体会到这个瞬间和其他瞬间是分开的，也就那么简单地失去了个体性。也就这样子，业力不可能再起伏。

假如他的转变是彻底，而每一个瞬间都可以活出自由，那么，就连我之前提过的随伴业（*prarabdha karma*）最多还是一种比喻。

什么是随伴业？这是古人提出来的观念，指的是这一生伴随着身体而来的业力。要强调随伴业，也就是说一个人即使醒过来了，他这一生还是要活完伴随而来的业力。

但是，坦白讲，连“随伴业”充其量还是比喻。一个人假如完全融化到整体，而最多只剩下一个无限大的爱的意识场，那么，为谁还可能有业力？

其实，因–果和轮回一样的，都是因为有个体的“我”，才有因–果和轮回可谈。假如一个人完全看穿这个虚构的个体性，回到整体，自然没有一个体可以受到因–果的作用，也没有一个体可以轮回到哪里。既没有哪个地方让业力的作用出发，也没有因–果可以延伸出来而产生轮回，一切也就跟着消失。

说到底，是我们把身分弄错了，把自己的身分落回到身体，而认为身体对我们有全面而唯一的代表性，我们才有业力可谈。这个业力，是跟着身体走，身体也否定不了它。身体本身就是靠业力才建立的，当然不可能去违反业力的原则。

由于这个观念太重要，让我换个方式再表达一次。是我们透过无明，认为这个体或任何体是真的，甚至认为自己就是这个身体、这个身心，我们才会受到因–果和轮回的作用。

一个人醒觉、解脱，在旁人眼中，他还有这个身体，可能会摔伤、遇到意外、被人赞美、受人评论、被攻击、有成就、有失落、命好、命不好……而让人认为需要用“随伴业”的观念来解释。但是，对这个解脱的人，没有什么叫业力，甚至也没有什么随伴业。他一切所做的，对别人而言，是真的，是存在的；然而，对他，这种虚拟的现实已经和他没有任何连贯性，是无所谓的。

要体会业力，一定要有一个个体，才可以体会到。假如这个个体性彻底融化在整体，那么，已经没有一个做者、一个体、一个“谁”可以去体会到什么机制。假如还可以体会到，他不可能是自由的。一个人醒觉过来，他和这个身体已经没有连结，对他，业力已经消失。

当然，说“业力消失”是站在整体来看。其实，也没有消失，毕竟业力本来就是虚的。但是，假如我们的身分依然和这个身体绑在一起，一样还是会体会到这个业力。是对小我，才有业力。

我们最多是把它看穿，知道自己再也不受影响。然而，说不受影响，并不是对这个身体。这个身体本身还是受影响。而我们只要还认为自己完全等同于身体，那么，我们一样要受影响。但是，假如我们已经把身分和身体完全脱钩，那么，业报再怎么好、怎么坏，再多的福德，再重的业障，跟我们一点都不相关了。

尽管懂了这一点，我们还是难免会想去解释随伴业。其实，会有随伴业这样的观点，是站在别人的角度，还想衡量一个人醒觉后的行为——他吃什么？做什么？讲什么话？怎么待人接物？健不健康？会不会生病？有没有财富？是不是可以不费力取得人间认为最高的价值和成就？

但是，这些概念，完全跟这个醒觉的人一点都不相关。

这一点，我认为是我们过去最难懂的。正因如此，即使一位好老师就在眼前，可能你我仍然视而不见，完全忽略，甚至根本不知道、意识不到。

要解开这一切，其实不是靠追求，而只是把我们的注意轻轻松松带回人间的源头。有一天，我们会突然发现——人间可以追究或解释的一切，全部都是多余的。去追究、去解释，只是让我们在里面打转，浪费数不完的生命。

假如我们开始体会到——为谁，有这个业力？为谁，有一切，有念头，有情绪，有创伤？会发现——是我。我们会进一步发现，其实这个“我”是虚的、是不存在。

这是唯一的方法，让我们可以把业力粉碎。但是，说粉碎甚至化解也不对。毕竟，业力本来就是虚的，最多是有这个虚的“体”，才有业力作用的机制。

不可思议的是，我们想追求的答案，其实我们自己全部都有、老早都有。更不可思议的是，我们本来就是它，就是我们想找的答案。

什么意思？我们想找的是绝对、永恒、无限，而我们就是它。我们就是绝对，就是永恒，就是无限。

我们就是它，倒不需要刻意去想它。想，其实还是一个相对局限的机制。去想它或任何东西，透过这种二元对立的框架，反而也就让一个那么轻松存在的整体流失掉了。然而，讲它会流失，也不正确，它流失不了的。有趣的是，不去想它，我们也才可以自然活出它。

要活出它，我们也只是走到相对意识的根源，停留在绝对意识的门户，定住在大我——最多也只是这样子。我们早晚也会发现，过去的所有矛盾，包括什么叫业力、什么是好的业力、什么是坏的业力、怎么转变业力、怎么清除业力……这些议题本身也是多余的。不去追究这些，我们竟然反而把全部烦恼都解散了。

这本身才是奇迹。

而，这个生命的奇迹，不晓得已经等了我们多久。

19
真心和信仰

前面提到业力，你也可能会想问：什么是信仰？

既然我们用参和臣服，把注意力摆到相对意识的根源，也就可以轻轻松松回到整体，那么，信心或信仰到底还有什么作用？如果这么轻松就可以执行，又何必去强调信仰？

在这里，我必须提醒，我们的习气太重了。不光是这一生的习气，还有过去生生世世带来的习气。种种的习气，让我们进入一种错觉的状态。无形中，我们还是会认为有这个身、有这个心。我们也会认为眼前的现实，离不开这辈子的身心。也就这样子，我们从本来的一体落到个体，而让无明可以启发作用。

只要我们有这个身体，只要我们认为这个世界是真的，只要我们认为个体性是真实的，认为真正有个我、有个你、有个他，都免不了要受到这个机制的作用。也就这样子，我们不断回到这个人间，要承受人间对立的因－果法则的作用，而受到它的限制。

这时候，唯一能带领一个人跨过去的力量，也就是真心和信仰——虽然被带走，知道身心有痛苦，而我们也要承受这个痛苦的作用，但总是在一个更深的层面知道这一切是幻觉。同时也知道，还有一个更深的、不生不死的永恒的层面在等着我们。

只有透过真心和信仰，我们才能生出热忱、决心、诚恳、专注、信心，而投入这一生最重要的工程。同时，是这样的肯定和确信，本身才会延伸我们的真心和信仰。

再讲个透明，真心和信仰是两面一体。一个人有真心，他自然会有信仰。有信仰，他不可能不真心。两者其实分不开。

真心，是随时住在一体、住在心，或用这本书的语言，最多也只是停留在大我所带来的门户。站在这个门户，也就是一体的门口，一个人只可能发出真心。而信仰，是我们心里自然发出的一个机制，让我们随时走回到同一个门户。

信仰，本身含着一个动力。这个动力不是透过脑运作，而是透过内心（也许是情绪或感受）来发挥作用。但是，不知不觉，它还是会影响头脑。讲个更透彻，它随时就像在洗脑，把脑带回到心。

真心和信仰，这两者的作用，都是让头脑踩个刹车，做一个彻底的回转。一个人面对一整天忙碌的生活，处处都是烦恼，难免被念头和烦恼带着走。但是，假如他心里深处或说潜意识含着真心和信仰，也就自然产生一个动力，让他回转到心，而不容易受到环境那么大的影响。

我在这里特别要谈信仰，是因为我们生活步调快，变化多，随时烦恼很重，而需要一个这样的力量来加持。在无明的当中，我们完全要靠信仰度过。可以说，到最后，是信仰带着我们走这一生。

这种信仰，本身是从内心发出的一种决心、肯定和把握，知道“全部生命系列”所讲的是真实；不存在的——反而是这个外在的世界。

不要小看信仰，在我们人生最黑暗的片刻，在我们落入人间认为的灾难或悲哀时，信仰可以带领我们。经典里记载了许多历史上真实发生的例子，也就是希望透过这些实例来强化我们的信心。

耶稣被钉上十字架，在这种最痛苦的时刻，一般人流泪都来不及，他反而打从心里说“Thy will, not mine, be done.（愿祢的旨意承行。）”或用我的话来表达，也就是“父亲，一切就按照祢的意思来办吧”。这是内心最深的发愿和誓言，来表达他对内心的主的顶礼。面对内心的主，他可以牺牲所有，甚至可以臣服、完全接受一般人不可能忍受的痛苦。

这样的信仰，才是唯一可以帮助我们度过的力量。

即使我们面对古人所描述的“灵魂的黑夜（dark night of the soul）”，也许是受尽各式各样考验的折磨，或是遭遇最亲近的家人的质疑，被最信任的人诬赖、背叛和不公平的对待，就和耶稣一样的，我们还是可以透过内心的信仰去度过。

懂了这些，我们自然会将真心和信仰当作最好的朋友，而能够轻松又不费力过这一生。在任何难关、痛心、落泪的时刻，让真心和信仰带领我们走过一切困难，帮助我们守住人生这次来更大的目的，也就是醒觉。

是透过这种力量，我们才可以克服头脑和因－果带来的挑战和阻碍。倘若不是如此，一个人透过头脑与社会多年甚至多生多世的洗脑，很难可以看到小我的框架，更不容易静下心来，而守住大我。

我相信，你我只要下一个决心——连死亡都不害怕，投入这条路，自然会发现，在人生的某些片刻，有时会想起这一章的几句话，陪伴你我走过去。

20
接下来，样样都是自己

醒过来了，一个人其实已经超越大我。然而，超越大我，最多也只是移动了意识的出发点、平台、参考点——从相对，移动到绝对。

一个人活在相对，本身是从一个中心“我”看着一切。醒觉过来，他突然把注意力移动到绝对。绝对，并不是一个体，不是一个范围——可以说是到处都是，也可以说到处都不是。

一个人醒觉过来，站在整体，最多也只是意识的出发点彻底移动到整体、一体。

一个人醒觉过来，站在整体，面对样样，都是在体会自己。

对他，看着样样、每样事情、每个东西、每个人——无论是在眼前、在心中，最多只是反映他自己。一切、万物、众人、样样都在心中，都从自己里面不断浮出来，从每一个角落，最多只是在反映自己。一切，变成是自己在体会自己，最多只是这样子。

然而，连“自己在体会自己”这句话都不贴切，不是足够正确的表达。毕竟，站在整体，又有什么在看？还有谁在听？

他不需要再延伸出一个二元对立的机制。无论是五官甚或百千万个感官，都是多余的。在整体，没有什么东西叫做知觉。有知觉的，是人间这个小小的身体。

他最多是透过这个身体活在人间，而这个身体还有感官，也就还有一个“看”、一个“听”、一个知觉、一个体会……他站在整体，即使透过看、透过听、透过任何方法得到了知觉，又是在知觉什么？一样地，最多只是在反映自己。

他不断地知道，一切，最多是自己重叠在一切，重叠在自己。

这种笃定，一个人醒过来，随时都有，再也不会失掉。最多只是这样子。

站在整体，最多只在反射自己——是自己不断体会到自己，是一体不断体会到一体。样样，都变成真的。他看到的每一样东西、每一个事情、每一个角落，都离不开真实。对他，从每一个点都看到真实，而真理始终存在。

相对地，一个人在无明或昏迷中，对他——样样，都有个内外。他所看到的样样，都在自己外。他自然会认定，在外面好像有一个真实。然而，这些外头的存在，其实没有一样是真实；他所见的一切都经过扭曲。既然他看不到真实，所看到的当然是假的，而当然都无常，当然都有生有死。他会认定这一生是真的，而会投入这个人生，还会想留下什么、争取什么、得到什么。但他就是没想到，这一切，样样都是假的。

他认知的一切，都在自己外。

但是，只有自己是真的。

一个人离开了自己，离开了真实的内心，认为除了内心，还真有一个外在的世界，还认为这个世界是真的，其实他还在往外看，也就自然觉得样样和真正的自己都是分开的。这些虚拟的分隔，自然延伸一个全部都是客体的现实，也就让他体会到世界是无常，有生有死。对他，样样当然都是假的。

然而，一个人站在自己，而随时都体会到自己，自然也就发现——样样都是真的。这种“真”，和过去所想的，完全不一样，甚至可以说是颠倒的。在过去的人生，他还是站在小我的中心看一切，体会是相当狭窄而有局限的。是一个人突然跳出来看到整体，而整体没有一个点，才会说样样都是自己，都是真的。

这么讲，其实也没有一个东西叫做无明。是因为有一个虚的小我，才有无明。假如没有这个虚的小我，没有一个东西叫做无明。样样，都是真的。

到这里，我认为有必要再提醒，就连“一体不断体会到一体”这种话都是比喻。一体不光不需要也没有一个机制让它体会到自己。体会到任何知觉、现象、变化，甚至自己……这还是二元对立的架构。

然而，这个重点，是我们透过头脑绝对接受不了的。是这样，我才会在“全部生命系列”用“是一体体会到自己”这种表达，让头脑好像还可以运作、可以接受。

其实，走到最后——去体会的主体，不存在。体会到的对象，也不存在。体会的机制，也不存在。就连说存在、不存在，这种话还是二元对立的作用。

你看，这样子是不是带给你数不完的悖论？

21

那么，还剩什么？

一个人醒过来，连大我都被吸收掉。那么，这个世界怎么办呢？对他，这个世界，又是谁在体会呢？

这个问题相当有意思，但一样地，这样的探讨，还是站在相对的范围在追究。

前面提到，一个人醒过来，所有的知觉、认知、体会全部都跟着消失，世界，也跟着消失了。从另外一个角度，也可以说，对他，一切可以体会的，最多只是看到自己，体会到自己，根本没有什么是和自己分开的。一切，其实都是自己。

当然，前面也提过，就连这么说，最多也只是一种比喻。本来就没有自己，那么，还有什么体可以体会到自己？这个自己，又有什么意义？而且，什么叫做体会？这个二元对立的机制，早就已经完全消失了。

最多，我们可以说，一个人醒过来，他轻轻松松活出自己，不是靠知觉什么、体会什么、承担什么……也不是靠“想”或任何其他的动力，他最多只是轻松不费力地活出自在。

这一点，对头脑是最难懂的。我们的人生完全是靠动力、摩擦、度、落差、压力差累积而来，本身就离不开这个机制。然而，一个醒觉过来，完全不是靠这些动力或人生的机制来体会到自己，最多只是活出自己，存在自己。

他最多是轻轻松松在自己，活自己，活这个主体。然而，他活的这个主体，甚至可以说早就已经跟大我不相关。毕竟，大我早晚还可能会变成小我，它还是有一个机制会延伸出来一个客体。

这一点，可能让人难以置信——其实，一个人只要懂了这些，而且是彻底地懂，也就突然醒过来，就好像这一生第一次真正地活了起来。

在别人的眼里，站在小我来看，他醒觉了，世界还是存在，好像还是有个“他”在动、在做、在讲话、在生存、在活下去。但是，对他，根本不会想追求一个动机，也不会刻意去做什么转变。眼前来什么，做什么。甚至，不做，也都好。根本没有矛盾。没有顾虑。没有忧郁。没有期待。没有欲望。没有什么人生的目标。更没有什么成就可以重视。他最多是不断地活出自己——透过每一个瞬间、这里现在，不断活出自己。

这一点，一个人倘若可以彻底做到，他其实不知不觉、不费力、轻轻松松就醒过来了。醒过来，他会说什么都没有发生。毕竟，并不是透过一个发生、一个动态可以让人得到这种顿悟。如果顿悟或领悟竟然有一个发生、一个动态，它其实还是条件组合的产物——之前本来没有动，现在有动；之前没有的，现在有了。这样子，这种“动”或“有”的状态还是有它的寿命，无论多长或多短，有生，还是会死，总之不是永久。既然不是永久，不是永恒，再震撼的动态，对整体一样毫无代表性，最多只能算是一个幻觉，或一个暂时的状态。

这一点，一样地，还是我们头脑难以理解的。就像我们在看一场电影，或看着一个海市蜃楼里的幻觉，里面有一个角色不断地在问：“我想醒过来，我究竟要做什么动作才可以醒过来？”我们在外头看，非常清楚——这场电影和幻觉，它本身存在的机制是虚的。这个角色，是在一个虚的轮回里流转，他是透过同样虚构的机制才可以建立自己、进一步支持自己、最后取得自己。对他，“要跳出来”本身根本就违反他的宇宙最基本的法则，他是绝对跳不出来的。

没想到，他只是轻轻松松往内寻、往内转，用臣服、用参把这个机制看穿，放过相对的世界带来的一切（也就是他的剧本），他不知不觉也就醒过来了。

然而，醒过来，又如何呢?

就像电影里的一个角色醒过来，表面来看，这个人什么都没有发生。他本来是在一个虚拟的漩涡里流转。最多是，突然之间，他明白这个漩涡不存在，连他自己也不存在，当然也不会再陷进去了。

读到这里，你可能会忍不住想问——那么，什么叫做醒觉?

其实，没有什么“东西”可以叫做醒觉。

醒觉，本来就是我们每一个人的本质、本性。如果我们非要用一个动力、带一个动作来表达，这种描述本身也是一个大妄想。

22
最后，还可以说什么？

一个人将“我”断根，或彻底醒过来，自然发现——其实，他什么都没有做，这个个体性竟然消失了。

他会突然发现，头脑、小我、大我全部都不存在，完全是一场幻觉。这个人生真的就是一场梦，最多像一场电影。他这一生，从头到尾都被骗了。但是，被骗的“他”，是小我。他到最后，还是只能笑自己。笑的不只是自己走了多少冤枉路，还有——其实，连这个被骗走的“我”都不存在。甚至，讲到底，究竟是“谁”能骗“谁”？

对他，一切都是平安，都是宁静，都是涅槃。到最后，他会发现个体性是假的，没有什么叫做个体性。甚至，连这个体都是假的，都不存在。

他突然明白因为过去无明、不清楚，才有一个个体可谈。现在，他自然变成整体。他，一切站在整体出发。站在整体，他还是可以动，还是可以做，还是可以讲话，还是可以想，但是已经没有一个主体可以宣称是自己在做，更没有什么角色或目的可谈。

不光失去了个体性，他也不再有好坏、美丑、善恶、哪个人或生命可以帮助的观念，也没有什么故事，非要活过不可。他知道，是过去有无明，才有个体性；有个体性，才会认为有好坏的分别，而还衍生出更多的差异，像是哪些众生比较幸运、怎样的众生是比较不幸而需要帮助。

在每个角落，他都看到神、看到主，而每一个角落就是它——就是主，就是神；没有一个角落不是。也就这样，没有一个角落需要改变，每一个点点滴滴都是刚刚好。如果他还认为有什么需要修正、需要改变，那最多只是“我”在作用。要为此忙碌的，最多也只是“我”。想宣传一个理念、打造一个理想的，还最多只是“我”。

他会觉得好笑——“我”根本不存在，而一个不存在的体，竟然可以制造出那么多噪声、生出那么多麻烦。

这种不可思议，是一个醒过来的人充分可以体会。但是，他又能跟谁分享？就是可以分享，他又会想跟谁分享？他知道我们所称为的“人”，也只是反映二元对立的作用。我们就是被二元对立给骗了，还连续被骗上无数个辈子。

然而，就连这些话，本身也不存在。连几个辈子、时间都还是二元对立的产物，本身也不存在。

接下来，还有什么可谈？

23
最多，只是沉默

我过去常提到——沉默是最好的老师。唯有沉默，才足以真正表达真实。那么，沉默和停留在大我有什么关系？

毕竟，只要我们动一个念、讲话，其实已经落在二元对立。然而，一个人只要轻松落在大我，守住主体，他不会有一个出发点，不会延伸出一个念头，更没有一个客体可谈。这时候，他其实就在体验沉默。

这种沉默，倒不像一般人想的只是声音的“没有”或对立，倒不是如此。我们并不是透过不动、不出声音，就可以得到沉默。这两者，其实不相关。

我过去也常说，一个人即使盘腿坐上几个小时不动，但心里不断在动，不断产生念头，不停地在抓、注意到一些客体，他其实没有在沉默。

沉默，最多是一个人轻轻松松地在觉、在知、停留在“在”、停留在主体，而接下来没有一个客体可谈，他也就进入沉默。

就是那么简单。

一个人停留在大我，他不需要去追求什么是沉默。他自然是宁静，是在沉默中。他会突然明白，原来沉默是他的本质，是他的一切。

沉默、完美、宁静、涅槃……本来就是他的本质，只是他过去不知道。他之前将注意力摆到主体延伸出去的下游，摆到和客体的互动，而被这些互动带走了。过去，他也甚至把自己的身分等同于下游的客体。也就这样，浮出来一连串的念头，还引发一连串的动。

一个人真正停留在沉默，也会发现这种状态并不是排他的。他还是可以做事，可以应付环境的变化。该讲话，就讲话。该反应，就反应。但他可以发现自己是清清楚楚站在一个不动的主体、大我在做一切，他注意的中心和焦点没有移动过，没有落到下游的哪里，也没有把自己的身分模糊成下游的一个客体。

这才是真正的沉默，而且是大沉默。

他也会发现，停留在这种大的沉默，本身就是恩典。

他随时在沉默，也就随时在当下，随时在这里、现在，随时在一个不动的状态。他虽然肉体在动，但心中不动。他虽然活在一个相对的范围，但他的注意力在绝对。他自然明白什么是恩典——原来任何时间、任何瞬间，都是恩典，都可以为我们带来一个人间的出口。

这个出口，不是我们去追求，而是它来找我们。只要我们轻松把注意力落在我们本来就有的主体，接着什么都不用去管，不需要刻意去变更、去改善、去计较——这本身就是恩典。

我透过“全部生命系列”，最多是准备大家来接受最好的一位老师。这位最好的老师，其实就是恩典。是恩典，把我们带回到大我。接下来……没有接下来。一切，顺其自然。

这位老师，也可能有肉体。甚至，有肉体的老师，对我们一般人比较合适。毕竟，我们人类的生命，是透过互动、摩擦、比较所组合而来的产物。一位同样拥有肉体的老师，让我们比较容易得到共振。假如这位老师真正在宁静中，在沉默中，我们也很容易进入同一个状态。

然而，我们只要仔细想，就会发现——既然这位老师最多只是带来恩典，而这个恩典，也只是把我们带回到本来就有的沉默，那么，样样都可以变成我们的老师。

一颗石头可以成为我们的老师，一朵花、一棵树、一只动物、一片天空、发呆……都可以变成我们的老师。这样子，一个人自然充满信心。他明白自己这一生已经找到一把钥匙，在心中有一个指南针，一路走下去，就对了。

其实，一路走下去，他本身也就自然成为他自己的老师。

结语

没想到这么快，我们已经一起走到这里。

到了这里，我认为没有什么需要再多讲的。毕竟，我已经试着用各式各样的角度来谈同一个真实，也希望透过这本书，让大家进一步体会究竟什么是修行。

对我来说，修行的中心理念最多只是体会到——即使我们从无限大的一体降到一个个体，而全部的烦恼也跟着来了，但是，要回到一体，却比我们想的更简单。

这本书就像手册一样，我希望能让大家一同采用，而带来一条路——没有路的路。采用了，熟练了，习惯了，我们不知不觉已经自然走到一体的门口。到了这里，也就随它，让它自己完成自己。

假如你走到这里，而且一路充满诚恳，带着信心，那么，透过“全部生命系列”，我很有把握能将你送到一位最好的老师的门前。这位好的老师，他的生命场或意识场是远远比我们人间所能看到的更大，一直在等着把我们带进去。

然而，即使找不到一位同样是人类身分的好老师，别忘了，在我们内心就有一位上师随时在等着我们。

再换一种方式来说，好的老师，无论多么好，也没办法教会我们“本来就有、本来就懂的”。而且，好老师也不可能给我们“我们本来没有的”。假如可能，他所给的，也不是永恒。也就是说，老师并不会从外面带来一个新的什么，而是带我们回到自己本来就有、本来就是的。既然如此，为什么我们还要等到未来？为什么不是这里、现在就着手？

这本书，和“全部生命系列”的其他作品，也只是等着把我们带到内心更深的层面。这个层面是我们每个人都有的，而可以让我们完成这个工程。

接下来，我想采用问答的方式，答覆你可能还有的疑问，透过这样的互动，希望能为你进一步整合“全部生命”的观念。

为什么个人的“身分”或“我”是那么的重要？

为什么个人的“身分”或“我”是那么的重要，值得让你用一整本书来阐述？

我在不同的作品，虽然都提过“我”的作用，但是，没有机会可以像这一次那么透彻将“我”所带出来的“个体性”做如此详细的说明。

我们仔细观察，这个个体性——“我”的作用，本身就是人类所有的宗教和修行方法最后都要面对的。甚至，把“我”消失，是一切探讨真实的法所要追求的。

没有个体性，其实也就没有“我”。没有“我”，一切都解答了。一个人再也没有什么问题、矛盾或烦恼可谈。

甚至，一个人假如彻底懂得这一点，而可以更进一步把这本书所谈的真实活出来，那么，对他也已经没有什么练习是重要或还值得谈的。

这本书，可以说是完全从这个角度延伸。同时，我也做了一个比较彻底的整合。整合什么？也就是整合之前我透过“全部生命系列”带出来的观念，包括什么是参、什么是臣服、什么是修行。

其实，我等了很久，到现在才能做这么彻底的整合。过去，我总是认为还需要为大家在意识科学的层面建立理解的基础，还需要用我的方法重新解释许多相关的字眼。是这么一步一步走过来，才走到这一本书。

此外，虽然我从各方读者的反应得到一种印象，知道之前的书对许多朋友有帮助，但我还是可以从大家的表达方式或提出来的问题体会到，绝大多数的朋友在对真实的理解上，仍然有相当的落差。这一点，我认为是需要透过这本书来补充的。

比如说，很多朋友告诉我，他们想要投入参或臣服，但执行时还是遇到许多困难，不容易进入。我认为这一点相当可惜，也认为或许是我的表达还不够清楚。毕竟这两项作业，其实比任何人想的都简单。在这本书，我试着用另一种角度和方式来表达，希望你我都可以把这两个珍贵的方法，随时落在生活中。

从整体来看，假如我们还能用光谱这个比喻来形容意识，那么，透过“全部生命系列”的作品，我们首先是从一个“动”的范围，像单摆一样，不断地试着摆荡到“在”的层面。

可以说，你正在读的这本书，已经摆荡到相当接近“在”的方向。是站在“在”，看着一切。用这种更深的层面，我希望把许多之前谈过的观念，再做进一步的整理。

这样的方法和其他的修行方法一样吗?

停留在相对意识的根源、停留在大我，这样的方法和其他的修行方法一样吗?

所有修行的方法，走到最后，全部都是一样的。

严格讲，没有一个方法可以让我们抓到或回到本来就有的一体或心。

每一个修行的方法，到最后，最多只能带给我们不费力的理解，而彻底明白——其实没有一个方法可谈。从一体的角度，没有一个方法是重要或不重要，更不用讲还有什么方法会有绝对的重要性。最后，所有的方法和努力，全部都要丢掉。

我们透过修行想找的，其实在方法和练习前就存在，在方法和练习中还是存在，在方法和练习后也只是存在。其实，练习不练习，和醒觉根本没有什么直接的关系。

我才不断提醒，透过“全部生命系列”，我们最多只是在做一项反复工程。这样的反复工程，也可以说是一种回转和提醒，让我们想起本来就最不可能忘记的一件事。但是，不晓得为什么，我们竟然会忘记它。

站在这个角度，守住大我，最多也只是守住人间最源头的意识，而我透过这本书提供了一个理论的架构，透过“主体–动–客体”的互动，描述出一个修行的完整骨架（framework）。

透过这个骨架，我很有把握能够带来一个共同的平台或连结点，而可以将所有修行的方法做一个整合。这个共同的平台本身，就是我们在人间所有修行、所有追求，可以踏上的一个点。

最后，站在这个点——我们本来就有，随时都有，从来没有离开过的原点，我们最多是轻松守住它。接下来，该发生的，会发生；该完成的，自己会完成；该展开的，也会自然展开。一切，跟原本透过练习想追求的“我”，一点关系都没有。

我才会说，这时候，费力不费力、期待不期待、想不想、得不得、觉不觉，知不知、在不在、悟不悟……这些二元对立的观念，其实老早脱落，老早都不相关。

我再一次强调，这些话不是理论。只要你我投入去做，自然可以验证这一切。但是，这里所讲的“做”，倒不是用头脑去做。甚至，也不是透过一个练习可以做。

你看，这些话，是不是又带给我们一个悖论？

神，为什么和大我是同样的地位？

上帝，或你所说的主、神，为什么和大我是在同样的地位？

我们一般观念里的神，指的通常是“造物主”的角色或身分。

然而，只要我们仔细去探讨，自然就会发现这是一种太过天真的想法。我们拿人间二元对立的机制所产生的观念去框架神——认为凡事都有一个头、一个尾，有因、有果，有一个体来作用，而这个体就该有它的角色。就好像是我们勉强让神来符合人类的逻辑，采用人类运作的机制，进入人类的剧情，最后变成人类的故事。然而，人类为神所写的这个剧本，完全不是它的创作。是我们透过人类狭窄的聪明，非要把它写成这个样子。

在这个过程，人类从来没有给它一个机会来澄清我们为它所指定的角色。更不可思议的是，人类还会以神之名去审判、排斥、处分、杀戮、凌虐其他人或别的族群，在历史留下一个又一个蛮横残忍的悲剧。可以说，为了神，人类所造出的恶行、所牺牲的生命，俨然成了人类最匪夷所思的遗产。

然而，这种一般观念的神，倒不是古人所认知的神。

古人的神，除了同样带着造物主的观念，更含着一种均衡、合一、智慧、心的层面。

古人生活的步调慢，除了养活自己、繁衍后代之外，其他时间都在静静地观察这个世界——观察月亮、观察太阳、观察环境、观察自己，而可以深深体会到一种统一性、一致性和完整性。他知道，他和周边、别人、月亮、太阳、一切其实没有分手过。既然没有分手过，他不能称自己是一切创造的一部分，事实上他就是一切的创造，就是造物主，没有两样，全面一体。

现代人往往带着一种偏见，认为过去的古人或当代少数的原始民族比较落后、没有知识。但是，我们仔细观察，自然会发现他们与环境的互动比我们更和谐。他们不会去伤害周边。他们饱足了，也没有去拥有任何东西的欲望。他们明白自然并不属于自己，而也没有必要去占领。他们所需要的，一切创造自然会提供。

这种统一性、一致性和完整性，其实就是每一个宗教真正要表达的主、神或佛性的观念。

当然，各个领域用的语言不同。然而，只要我们亲自体会到这种统一性和一致性，就会知道都在讲同一件事，表达同一个理念。

这种统一性、一致性和完整性，与分离、隔离、分别、区隔、个体性是刚好颠倒的。统一性、一致性和完整性是心、在的状态，而分离、隔离、分别、区隔、个体性是一个二元对立的观念。

两者虽然重叠，但一个是真实（永恒），另一个是虚构（短暂、无常）。

神，当然是真实，而当然不可能离开统一性、一致性和完整性。但是，我们又可以用什么语言去表达？

一切语言的架构，本身离不开二元对立。真要透过人来表达，最多只能把本来没办法分开的一个整体，好像切割成人间很狭窄的一个范围。透过语言来表达，就像是想把那么完美的整体，用局限来描述它。这本身就是一场闹剧。但是，偏偏只有人，会那么努力地想要做到这一点。

我在这本书所指的大我，仔细看，也就是在人间相对意识可以走到的最根源的一个点，可以说是我们最主体的主体。是从这个主体，才延伸出一切的动，而透过动，才可以抓到一个客体（“我”听到什么、“我”看到什么、“我”尝到什么、“我”摸到什么、“我”想到什么）。

我也提过，从人间这个最源头的体、大我，再想往前走，是不可能的，并没有一条路可以通过去。

这个大我，还是一个处在局限的点，最多只是不那么局限。我们想通往的那里，却是无限大，并没有一个特色或形相可以描述或代表它。然而，我们也不需要有这个动机去跳到哪里、或通往它更源头的源头，倒不需要。

最多，我们只需要住在它，享受它，体会它，交给它，臣服到它，而它本身是我们最不费力的随时。

严格讲，也没有什么可以住在它，享受它，体会它，交给它，臣服到它。我们已经走到一体的门户，接下来，一体或真正的主、神、佛性自然会完成它的运作。完成什么运作？也不过就是我们生生世世来，随时应该体会到的。

这，就是我过去所称的醒觉。

醒过来后，我们自然发现过去观念里的神，其实是个大妄想，只是从错觉延伸出来的观念。而我们本来想追求的神，到最后，就在眼前，在心中，就在每一个点点滴滴的瞬间和这里。

也就这样子，没有做什么，没有费力，没有追求什么，我们也就完成了这一生最大的工程。

参，真的是不费力吗？

参，真的是不费力吗？为什么那么多朋友觉得难？

不光是参不费力，其实臣服更不费力。而且，整个修行，包括任何方法、任何练习，全部都是一样的不费力。

会这么说，是因为费力不费力的观念，是我们头脑延伸出来的产物。对头脑而言，当然有费力不费力的分别，甚至是样样都费力。但是，站在一体、整体、心、永恒、真实……来描述，并没有一种东西可以称为费力或不费力。

最多，我们只是需要活出整体所带来的真相。也就好像我们把注意从一个虚构的世界（我过去称为外在），突然回转到一个真实的心（内在）。这个转变，本身跟我们最后想得到的结果，是分不开的。

从一个虚构的现实，转回到一个真实的真相，怎么可能是费力？

假如我们还有一点费力的观念，也就已经离开了根源，进入二元对立的范围。可以说，其实我们还在用头脑去解答一个头脑没办法解答的问题。

我们最多只能轻轻松松，把注意落在我们相对意识的最原点。这，就叫做参。把自己完全交给它，这就叫臣服。

仔细观察，这个原点，本身就是落在一体的门户，而早晚会被它吸收。停留在它，不知不觉也会变得不费力。

再仔细观察，这些练习，无论是参或臣服，最多是“在”的观念、“不动”的观念。

在哪里？在自己本来就有的真实。怎么不动？停留在最前头的原点，也就是我在这本书所谈的——每个人都有的主体、大我。停留在这个最原点、大我，其实没有动或不动可谈。是这样，我才会说它是不动、在的作业。

任何修行，也只是如此。无论意识再怎么转变，再怎么扩大，再怎么入定，我们到最后还是要面对参和臣服这两个机制，才可以彻底活出一体，也才可以彻底将“我”的根断掉。

我才会一再地透过这本书和过去的作品来强调，所有修行的方法都是好的，但值得注意的是，这些方法的目的，并不是让我们醒觉，而是让我们净化头脑，让念头可以沉淀下来。

真正醒觉，并不是透过任何修行或练习。我们本来就是醒觉，醒觉是我们主要的本质。这么说，我们不可能从一种不醒、昏迷或无明的状态，突然可以移动到另一种状态叫做醒觉。

“移动”或“不移动”这种观念，还在支持前面的不醒、昏迷或无明，本身就是这些状态的主要机制。可以说，是透过“动”，才有无明。

然而，这个“动”，说的倒不是身体动或不动，而是心或意识透过念头动或不动。再讲更彻底一些，是透过动，我们才把原本是完美整体的身分，落在一个不存在的虚构身分——“我”。没想到，我们还想进一步透过“动”——练习或修行——来取得本来就有，而且是随时在等着我们的全部。这本身是个妄想。

然而，虽然说是妄想，回头看，人类几千年的历史，其实无不是在反映这个错觉。在这个过程，只有少之又少的圣人，参透了“我”，而可以亲自体验到这些话。

这本身，才是我认为最不可思议的。

难道全人类都被骗得这么彻底吗?

这么说，我们过去所追求的、修行的，全部都是颠倒的。难道全人类几十亿人口都被骗得这么彻底吗?

是啊，你不会认为这是最不可思议的吗?

假如不是这样子，那么，全人类早都醒过来了。

但是，我们不需要悲观，只要有一小部分人醒过来，人类和地球的命运都会完全改观，甚至会完全扭转现况。我们过去的价值观念、人和人的互动、被我们称为合理、被我们视为理想、想追求、想得到的，包括对未来的规划，将来都会完全不同，甚至可能会和现在完全颠倒。

人类的架构是在昏迷和错觉中成立的，才那么彻底骗了我们不晓得几千年甚至几万年。

然而，为什么我们会被骗得那么彻底?

我过去透过作品已经不断地解释，这个机制其实是相当清晰的。我们透过五官所接收的电子信号建立了一个信息场，而这个信息场，本身好像有一个中心——在这里，称为“我”。不知不觉，“我”认为自己是独立的，也就有了个体性。再接下来，我们虽然有个体性，好像个个不同，然而，非但你我同为人类的知觉范围差异有限，甚至人类和动物五官的运作范围也有彼此重叠的部分。也就这样，我们得到一个连续性，得出一个我们会称为客观的现实。

这一点，加上人类的种种发展、聪明、突出的记忆能力，还有本事做纪录，也就让我们不知不觉认为这个连续性是真的，而真的有一个世界是我们客观的现实。

“我”的运作，是我认为头脑最难懂的。是这样，我才要用一整本书来阐述。

反过来，我们假如懂了这一点，也就自然发现，一切的修行到最后其实也只是领悟到——非但没有“个体性”可谈，而意识确实是一个谱，我们可以轻松地摆荡到一体。当然，进一步探究，我们也自然发现连“意识谱”都还是比喻。我们站在一体，没有什么意识谱好谈。只有一体是真实，并没有什么叫做客观的现实。所有客观的现实，都是经过主观意识才延伸出来的。

因为这个观念极具重要性，我很诚恳地希望你我仔细探讨这些话，而不是一味地肯定或马上否决。

会说这些观念最难懂，不光是从理论来谈，也是基于我的观察。我发现，这是许多修行者可能有的最大的门槛。其实，只要哪里有大师或明师，我年轻时都接触过。当时，我最多是希望了解他们用什么方法来表达个人的领悟，而又是用什么方法来表达“没办法用语言表达的真实”。但是，每次进入这些修行的团体，就会发现连追求了二十年、三十年乃至五十年的修行者，他们提出来的问题，始终还是站在头脑的角度，想要透过“动”和“想”去套一个“没有透过脑的领悟”。前面提到，一般人的主、神的观念，就是一个例子。

甚至，我也发现，有些修行者还可能认为自己有一点成就，而会提出数不完的物质层面转变的问题。例如脉轮的变化、七个脉轮之外还有没有更奥妙的脉轮、脉轮之间的互动，乃至于想知道或分析一个领悟的人的睡眠、饮食和生活习惯。

我印象最深刻的是，有人会想知道除了“第八意识”（阿赖耶、意识海，或我们这里称的一体）之外，还可不可能有第九或第十意识，而是连佛陀都体会不来的。

他想表达的，用我过去借用哥德尔定理来比喻的，也就是可不可能在一个圆圈外，还有一个更大的圆圈。然而，这一层又一层是永远追寻不完的，当然永远会有一个更大的圆圈在等着他去体会，甚至还有数不完的更小的圈子在等着他去探索、去钻研。

对我而言，这种问题本身就含着矛盾。同时，我也明白，提这种问题的修行者，最多还是用头脑在运作。这种左脑的作业，并不会把任何人带回到一体的门口。不光如此，还可能造出更多不需要的杂念。

闭关又是为了什么？

臣服与参，是随时可做的练习。那么，闭关的用意又在哪里呢？

这个问题，问的很好。

从我的角度，这个问题终于开始反映更深的层面，而不是透过头脑在表面不断互动，而且还互动不完。

什么叫做闭关？也只是因为我们还有肉体，而还要透过山洞、密室、山林来避开种种让我们分心的杂音，让自己完全专注在大我。这才是真正闭关的目的。

其实，就是那么简单。一个人彻底懂了，也就明白过去透过追求或练习可以达到的意识状态，最多是让猴子一般躁动的心安静下来，稍微让头脑得到一点休息，并且透过休息集中注意力。但是，这一切，和一个人见道不见道、开悟不开悟、醒觉不醒觉，其实一点关系都没有。

一个人突然体会到，他所追求的统一性、一致性和完整性，其实自己本来就有，老早都有，甚至从来没有离开过自己，也不需要透过什么管道才能接触。只有这样醒觉过来，他才突然发现“全部生命系列”所谈的都是正确，也会突然可以完全理解经典所讲的一切。这样的理解，已经完全不是从理论的层面懂或不懂，而是从最深层面（甚至不是头脑）可以领悟到。

然而，从我的角度，这最多还是对真实稍微有一点领略，就像是匆匆看了一眼。他自然会发现自己依旧不知不觉受到周边的影响，烦恼和念头还是会起伏，也自然发现“我”的根还没有断掉。这是难免的，因为我们每一个人的习气太重，尤其年纪愈大，这一生的习气也愈坚固。这些习气，也自然会产生念头，把我们带回二元对立的境界。

但是，这时候，他已经充满了信心和信仰，已经体会到、可以认定一个方向。而这个方向，在这一生就不会再改变了。透过继续参，继续臣服，不断地轻轻松松落在大我，体会“我－在”I-Am，总有一天，他的意识会彻底转变，而接下来就不可能再转回去了。

不再转回去，他这个人其实还是可以运作。我在许多作品都说过，他还会运作的特别好，能够完成一般人不能完成、甚至不敢想象的项目。但是，完成什么项目，对他其实也不重要。他也不会用完成什么，来衡量自己的领悟。

这么说来，闭关还有什么角色？

自古以来，古人都知道，一个人只要看到了一眼真实，有了一点领略，自然会跟这个世界的价值完全脱离，甚至会感到一切都是颠倒。他自然会想透过一个很安静的环境来让这个领略沉淀，让它完成它自己。

这时候，假如环境里没有充斥五官的刺激，他可以专心住在这个统一性、一致性和完整性中，透过这样的闭关，他在这一生可以将“我”彻底断根。

我们仔细观察，过去的大圣人，有许多闭关的实例。

比如耶稣，年轻时（还没回到巴勒斯坦之前）有很长一段时间的经过并没有被记载下来。有人说，这段时间，他是在闭关，以他个人的方式完成意识的转变。

佛陀则是经过六年苦修，终于让“我”彻底断根。他也主张一个人的意识转变到了某一个阶段，应该要找比较安静的地方，来巩固这个转变。

禅宗的祖师达摩一路独修，从印度来到中国，在山洞里面壁多年才等到二祖。我们也可以把这样的经过当作闭关。

禅宗的六祖慧能也是如此，六祖见到五祖时才 23 岁，已经见道。但是，他还是用了 15 年的时间，避开人间，后来才出来传法。

拉玛纳·马哈希也是一样，16 岁就有大领悟。但是，他后来的 28 年都在圣炬山（Arunachala）的山洞里闭关，长时间住在维鲁巴沙洞屋（Virupaksha Cave），只在夏季短住芒果树洞屋（Mango Tree cave）。被世人发现之后，他并不讲课，只是透过沉默和学生互动。

关于闭关，我相信大家读到这里，会觉得表面上好像有个模式。但是，再仔细观察，其实也没有一种固定的方式。这些大修行人老早就领悟，领悟之后，对他们而言，什么叫做闭关、不闭关？圣人也没有这个观念，最多是选择独自做一个长期的休息或专注。

怎么说？

一个人领悟或彻底醒觉过来，他知道这个世界是个大妄想，不会想去干涉，更没有动机想将世界转变成好或坏。反过来，他轻轻松松放过这个世界。他知道这个世界带来的剧情，早晚会自己消失。世界、剧情本身对整体没有代表性。去干涉一个不存在的剧本，这种事，他过去可能会想做。然而，现在跟他不相关了。

这么说，什么叫做闭关，对他其实没有意义。

闭关，是人间站在二元对立而有的一种观念。然而，这些观念，一样摸不到真实的边。

我过去才会劝许多提出这类问题的朋友——不需要去探讨，毕竟对自己没有帮助，反而还带来一种需要闭关的期待。

要找回真实，我们最多是老老实实先问自己是谁，把自己的身分找回来。接下来，再去面对闭不闭关的问题。

这时候，我们自然会发现，真的没有什么闭关、不闭关可谈的。假如在人间还有一种作业可以找回一个不生不死的整体，这本身，才是个大笑话。

醒过来了，一个人可以选择单独待在某一个角落，平安地活这一辈子（而可能被别人称为闭关）。反过来，他也可能在动荡中、在社会乱象中走下去，而把周边的杂音当作自己练习或反省的工具，不断地考验自己："这时候，还可能有心可以起伏吗？"从别人的角度，可能会觉得很奇怪，他怎么还待在人间，还在忙碌处理各种大小事，和别人一模一样。但是，对这个人而言，这种生活，其实和一般人所称的闭关没有两样。

地球的变化对我们的修行有什么影响?

你之前提过，这个年代是我们难得的修行机会，而地球也在跟着改变。这种改变，对我们的修行会带来什么影响?

我们确实有一个黄金般的机会。

我过去也说过，我们的地球进入了一种黄金时代，而地球的频率或螺旋场也在跟着变化。受到太阳和其他星球的作用，就好像连地球也想跟着翻身。这个年代，是人类有史以来难得的机会。我认为，我们最多也只能把握它。

很多朋友听到我讲黄金时代，会以为无论是个人或集体，未来在这个人间会样样都顺。然而，我倒不是这个意思。

顺的部分，最多是在物质的层面——我们会愈来愈丰富。以往的年代，还有饥荒、各种灾难；未来，这样的可能性愈来愈少。同时，社会也会愈来愈平等、愈透明化，过去种种不合理、不公平的现象都会浮出来，等着一个公平的解答。人类也会愈来愈打破民族的界线，虽然短期内，还会冒出一些强烈的界线的看法，但这类偏激的看法早晚会消失。人类自然会去追求——这一生还有没有更大的目的，而不是只讲究一个小社会、地区、民族的问题。

科技和交流的层面更不用讲，进展的速度只会加快，而且会到一个极致的地步——我们想知道什么，只要随时按一个钮，甚至连钮都不用按，就可以得到信息。这种效率，是人类历史前所未见的。

这一切，都在准备我们接受更高的生命。而外星生命的到来，本身也是早晚的事。有一天，这些更高的生命、外星的生命会突然被所有人接受。一切都是理所当然，而不是遥远的未来。

这些都是人类发展的正面；但是，从另外一个角度，值得注意的是，这种快速的发展，本身就带给我们数不完的危机，甚至会是人类有史以来最大的危机。光是站在物质的层面，地球本身就会有一个大的转变，就好像前面提过的，地球想要翻身，而接下来带给人类种种的挑战——有环境的危机，也有心理的危机。

心理方面的危机，也就是我们身心不断分离。心，想定，想透过无思无想随时体会到自己；但是，脑的方向刚好相反，是透过二元对立的机制不断在分别。大，想去探究更大；小，永远可以更小。衡量精确度的单位，从公分、微米、纳米、“埃”（Å，angstrom，10^{-10}米）一再地细致到甚至皮米（10^{-12}米）的地步。衡量速度也是如此，甚至要进入微秒、纳秒、皮秒等级的反应来衡量效率。

当然，透过这样的效率，我们累积了很多知识、建立了各种学问、强化许多专业。透过这些知识、学问和专业，我们每个人会愈来愈专精于一个主题，而懂的范围会愈来愈窄。只有够狭隘的知识领域，我们才可能投入，而足以成为专家。

这两个极端，“不动”或“在”vs.“动”、更快的动，就像圆上距离最远的两个点，让我们身心分离。身心分离，后果就是不安、失衡、不快乐、不圆满、不舒服、不乐观——这一切，也就是这本书用“个体性”三个字在表达的。

我们心里不平衡，又加上自认为有充分的自由，而自然要主张自己的看法、自己的权利、自己的一切。就这样，把原本用来方便交流的社交媒体，变成了一个战场。人和人之间的友善、礼貌、尊重和善意的互动，已经成了过去式。现在唯一剩下来的，只有假公平之名的冲突。然而，究竟是怎样的公平？当然只是个人认为的公平。

这种脑和心的分离，会继续延续，甚至到一个极端的地步，让我们的心非要做一个转变不可。

同时，地球当然也受到影响，不光是被人类活动影响，而是它本身就有一个周期。这个周期是宇宙性的，作用比人类任何活动和循环的影响都更大。

我过去也提过，这种地球的周期倒不是以太阳和月亮运转来衡量的年（365 天）或月（30 天）计算。地球的周期，不光和其他行星有关，也和星球之间的排列有关。是这样，我过去才会重视周期在万年以上的古文明历法。

不要小看地球的周期，它本身当然影响人类和众生的意识。我所要强调的是，未来这段时间会是意识提升的阶段，也就是黄金时代。但是，在进入黄金时代之前，我们还可能会待在黑暗时期一段时间。黑暗时期的特点，也就是脑和心的分离。

前面提到极端的危机，包括地球的转变和意识微细层面的变化，这一点，其实是我们每一个人都可以体会到的。这种体察，和一个人敏不敏感并没有关系。

然而，这种表面的危机，正是我们的转机。任何转机，都是透过动力、摩擦、阻抗才可能萌芽。这样的机会，本身是从痛苦、痛心、烦恼里延伸出来。是我们活在这个世界，在各种极端的快步调里不适应，认为一定还有一个人生的答案并不是这个人间表面可以带来的。是这样，才会逼我们往内寻、往内转。

也许就是这种内心的召唤，才让你我可以在这里相遇。

“全部生命”有蓝图吗？

从这本书的角度，“全部生命”可以说是一套蓝图或理论吗？

“全部生命”不是蓝图，也不是理论。

真实——完美的真实，也就是我在这里所讲的整体、一体、心、在、永恒、绝对、无限、爱、意识海……并不是一个相对的观念。假如用人类的语言来勉强表达，最多只能说它站在一个绝对的身分。但是，我们一讲“绝对”，反而又把它框架起来，而让自己以为绝对只是相对的对照。就这样，这种理解已经又走偏了。

我们透过头脑、透过任何理解去取得一个解释，已经又把真实局限了。就好像我们想把真实带到人间的范围，好让自己理解。然而，这种理解本身还是一种错觉。

其实，我们最多只能活出它，领悟它——我们就是它。最多是用 It is. I Am. I AM THAT I AM. 来表达它。要再勉强讲，它是一种不费力，不透过脑可以有的体验。这种不费力、不透过脑的体验，我们可以再勉强称为醒觉、开悟、悟道。当然，到这个地步，我们自然会明白连这些话最多都只是比喻。

真实，就是没办法用头脑体验，那么，我们又怎么能用任何语言——无论多微妙、多精确来描述它、表达它、解释它？

省掉了种种解释，我们也就发现——最多只能活出它。

但是，我们心里明白，就连这句话，最多也只是比喻。

我透过“全部生命系列”的作品，最多是用各式各样的角度来切入——严格讲，没办法切入的整体和全部，或本来就有的真理、本来就是的真相。

透过这些作品，最多也只是带着你我走到真实的边缘，轻轻松松稍微点出方向。最后，要穿过这个门户，并不是我们用任何语言或框架可以进行的，而是要我们自己亲自走过去。

当然，这时候，我们也会发现，连这句话一样还是比喻。

其实我们老早已经穿过门户，老早已经在另外一边。只是我们透过头脑，让自己认为我们还不在、我们还没有到、我们还需要穿过、我们还需要领悟、我们还需要醒觉。

应该从哪一个作品开始着手？

不知不觉间，你已经为读者准备了这么多的作品，让他可以接触、可以投入、可以练习。你会建议从怎样的顺序著手？而个别作品的用意又是什么？

“全部生命系列”的作品，无论我当初用文字或声音表达，读者也只需要按照完成的时间先后顺序来接触，就是这么单纯。

我也提过，这些作品就像一个单摆。可以说，我透过它们为读者扫描整个意识谱，从人间相对的层面（我用“做”“想”“成为”“追求”来表达），一直走到无色无形的“在”——心、一体、无限、绝对、永恒、全部。

一路下来，我不断地为读者建立不同层面的平台，并且把关键的字眼定义出来，做一个说明。我明白，读者来自各行各业、有不同的属性、有各自不同的背景和训练，也就透过尽可能多的角度，用人间的各种学问（从医学、科学、哲学、社会学，乃至于心理学……）以及方方面面的常识，铺出一条通往真实的路，让大家有一个可以理解、可以着手的基础。可以说，这些作品就像指南针，为我们不断指出“在”的方向。

从身心的平衡开始

比如说，我最早从《真原医》着手，希望透过生活习惯、运动、饮食、心理的管理等各种实用的方法，帮助大家得到健康。从我的角度，真正的健康也就是均衡。然而，我心目中的均衡是全面的，不光是这个身体在物质层面的均衡。或者，再讲清楚一点，是身心的均衡。有了身心的健康，一个人才可能去追求更深层面的真实。

在这本书，我也提过，假如一个人身体不健康或虚弱，相对地，念头反而会特别多。这是事实。每一个人只要生过病，或身体正有慢性的退化，都会明白。

我过去也透过长庚生技和身心灵转化中心，特别集中在身心层面的健康，做各种活动和教育推广，为大家示范什么是活的饮食、什么是微量元素。其实，微量元素的螺旋场特别高，可以配合我们意识的转变。这一点，不只帮助相当多人找到健康，还让他们可以有时间，追求心。

当然，将全部的时间和精神摆到养生，也可能反倒耽误了这一生。有时候，我反而要不断提醒这些可爱的朋友，希望他们不要太认真，而是把握机会，让身心回到一定的平衡，接下来，尽快投入心。

从健康的主题，我再进一步走到静坐的领域，并且用科学的语言来说明，建立大家的信心。我在《静坐》是希望透过各式各样静坐的方法，让大家可以回到心的宁静。一个人只有内心安静，才可能打开心胸，接受身心更深层面的观点。如果我们的心静不下来，随时充满物质层面的顾虑和烦恼，面对更深的层面，往往是还没有投入就马上否决。这样子，就太可惜了。

进入意识的科学

《静坐》出版两年后，我透过《全部的你》希望和大家进一步探讨意识的科学。这本书其实相当全面，本身从“有”已经摆荡到

“在”。不过，完成这本书之后，我才发现有些观念太早提出来，反倒让务实、偏重左脑的朋友觉得不容易懂。是这样，我才决定把步调慢下来，将“全部生命系列”彻底展开。从神圣、快乐、时间、头脑、灵性带来的身心转变、睡眠、呼吸、结构调整等主题，彻底阐述“全部生命”的理念，希望一点一滴把大家带进来。

是这样，我们一起走到现在。

从另外一个角度来看，我也一再提起，“全部生命系列”的作品其实代表一个完整的意识谱，是从身体、肉体、物质、有、行动、念头的层面，一点一滴地摆到“在”（beingness）或绝对的观念。

站在这个角度，《真原医》《螺旋舞》《结构调整》《好睡》都可以说是从身体起步，让我们可以集中在一个生活的主题，而透过这个主题再延伸到身心更深的层面。

这几项作品本身离不开“动”的层面，而且是重复的“动”，我称为练习。

除了饮食的配方、运动的练习，还有在更深的心理层面、透过观想或集中五官的练习。透过这些练习，我希望你我可以把身心安定下来，让念头自然沉淀，甚至净化。

一个人念头少了，身心也就自然成熟，可以准备接受下一阶段（也就是更深层面）的意识转变。这意识转变不是靠头脑去争取、追求、主张、体验什么，反而是透过一个最彻底、不费力的转变。

从这个角度来看，你会注意到，从《我是谁》《集体的失忆》《落在地球》《定》《时间的陷阱》《短路》《头脑的东西》《无事生非》，一路走下来，落在愈来愈深的层面，是头脑一般不能理解的。

但是，我相信，经过这一路，我们的心反而可以得到共鸣。

这个单摆在意识谱摆荡的过程，对我个人最有意思的是，有几个作品，像是《插对头》，是已经站在整体面对身心，而站在整体在答覆“我们身心要怎么去接受它”，倒不是怎么从身心延伸到它。这一点，可能和你我原本所想的，也是相反。

前面提到，我后来认为《全部的你》有些观念太早提出来。其实，如果大家读完这个系列再回到《全部的你》，可能会发现过去读不懂的段落，现在已经可以完全领悟到。我们会自然明白《全部的你》是在一个很深的层面，倒不像大家以为的只在左脑的层面打转。

连我自己都没想到，是那么早，我已经把人类全部潜能的本质交代清楚。当时，也没有想再写下一本书。是后来为了解释里头的一些观念，才有了那么多后面的作品。

《神圣的你》表面上在谈心流、谈修行——尤其臣服，和我们生活有什么关系？但是，假如你现在回头看，也会发现，我当时已经把修行的路完整地铺出来。我也表达我们这一生最神圣的，就是你我自己。我们这个生命，点点滴滴都是神圣的。我才不断强调，这一生，无论如何要在意识层面告一个段落，不然我们还可能继续忽略掉每个人都有的、最宝贵、最神圣的部分。

跨领域的整合

前面已经提到，这些作品，有不少主题是采用比较科学的方式来进行，例如养生、运动、呼吸、睡眠，可以说是做一种跨领域的整合。甚至，我还透过《不合理的快乐》来探讨快乐的科学，用这个每个人都想追求的主题，从浅白但相当完整的科学知识切入“全部生命”的观念。一样地，走到最后，都回到心。

最有意思的是，在《不合理的快乐》，我从科学出发，走到哲学甚至灵性的领域，是希望透过这样跨领域的整合再加上练习，让大家可以彻底找到人生真实的快乐。这种快乐，是我们这一生来最高的目标。

同时，和现在这本书最相关的是，我是在《不合理的快乐》第一次介绍参的练习。因为这种练习太重要，后来才透过《我是谁》再一次阐述。我也在《定》做了相当的补充——除了将参和定的观念彻底整合，也对修行人都想追求的定，用我个人的体验做一个说明。

《我：弄错身分的个案》这本书表面上很浅，毕竟“我”是从《全部的你》就开始谈的一个观念。但我相信大家可以注意到，我在这本书已经探讨到很深的层面。如果没有前面的书来铺陈，读者可能看不懂这本书。即使表面懂，也无法让理解落到心。

我在这本书，也整合许多修行的观念，甚至彻底做一个推翻。当然，推翻的角度，最多只是我个人的。这种个人的角度，本来没有什么代表性，却出乎意料地和过去的经典完全一致。是这样，才会让我大胆地把它再次提出来。

一样地，《时间的陷阱》这本书，让我采用物理的语言来解析“时间”。我想表达的是，时间，其实是一个头脑的作业。时间，一点都不是客观的存在。这一点，和我们一般的想法完全不同。大多数人更是不会想到，就是我们将自己绑住在时间，才建立一个痛苦的人生，而带来更多烦恼。

《短路》更是奇妙。这本书，终于让我有机会在另外一个层面说明——如果一个人接受一体、和真实接轨，对个人的身心会带来什么作用？这本书的内容，集合了我过去在各地遇到的修行人喜欢问、想要了解的问题。虽然这个颠倒的观念，对一体而言根本不重要，但是，我相信许多修行的朋友会非常感兴趣。

睡眠这个主题，也是如此。我一直明白，现代人把失眠当作是造出身心失衡最主要的危机之一。首先，我透过《好睡》希望带出一个完整的睡眠科学，帮助大家得到睡眠。然而，光懂得科学，对个人的睡眠其实没有用，反倒还可能带来压力。就像光懂快乐的科学，也不能让一个人快乐一样。进入睡眠这个主题，我个人更大的目的其实是在更后面的一个阶段，也就是前面所讲的，把睡眠变成我们意识转变最大的工具。

我利用接下来的《清醒地睡》，延伸《好睡》在物质层面的讨论，希望一个人解开了睡眠的困扰后，还可以把睡眠当作一个最好的修行工具。我认为最可惜的是，这个知识在几千年间几乎完全消失。这一点，相信你只要读过这本书，自然会明白。

透过声音，和你心对心

当然，假如将过去声音的作品一一列出来，那么，最早的《等着你》，可以说是我想提供的一种心理治疗。对于遇到创伤却走不出来的年轻和年长的朋友，我希望用相当直接的语言，把大家带到一个更深的层面。

《重生：蜕变于呼吸间》我将两种调整身心的呼吸带出来，一个是每分钟六次、五次、四次的谐振式呼吸；其中，一分钟五次的方法，还透过磬和鼓的声音，录成一小时的长版本，让需要的朋友有足够时间可以投入，甚至体会到当下。另一个方法是四小一大的净化呼吸法，这也就是我在《神圣的你》谈“清醒的受苦”时，为遭受严重创伤的朋友所准备的方法，帮助他们让情绪最深的层面浮出来，得到净化。

从我个人的角度，声音还是带来最直接的一种交流。这种交流，最多只能说是一种共振或共鸣，而可以绕过头脑的作业。是这样，我才认为有必要透过这些作品，包括《你•在吗？》《真实瑜伽》来整合“全部生命系列”的观念。

我们的头脑还是需要一些方法或练习，才比较容易安静下来，进入真实。我在《光之瑜伽》《呼吸瑜伽》《四大的瑜伽》透过各式各样的观想——观想光、观想呼吸、观想四大元素，结合观想和声音的引导，与听众做一个心和心的互动。

因为声音的穿透性，我后来更透过读书会，从本来只是少数几个人的互动，到后来透过网络进行大规模的在线共修，将“全部生命系列”的观念更进一步带出来。

我会这么做，其实完全是为了我个人和大家的方便。毕竟我在国外停留的时间愈来愈长，和大家直接互动的机会并不多，也只好运用现代科技的便利，希望能更深地互动。

透过读书会，每一次的焦点可以落在一个小范围，将某个重要的观念充分展开。而且，在读书会的过程中，我完全没有任何规划，所讲的，全部都是很自在、从心里流出来的话。这一来，我认为作用反而是更大、更直接。从许多朋友的反应来看，也是如此。

这本书，我也是一样地尽量运用文字和声音的结合。除了这本书的文字，我透过风潮音乐，录制了这本书的有声导读《最终的真相》。此外，我在2019年5月17日“活出心、只有心、彻底活在心”活动后，也不断补充这本书的观念。这么做，也就是方便你，在一个主题上，同时从阅读的理性和声音的直接着手，作为不同的切入点。

“全部生命系列”最多是唯识的科学

整体来说，我还是希望大家按照出版的顺序来读、来听。

最初，这些作品其实没有什么顺序或理论的蓝图可谈。我并没有一个整体的规划。包括这本书，也是一样的。我没有承诺任何人要写，但不知道为什么，这本书突然冒了出来。就好像透过我的口述，宇宙有一个流动带着我走。至于走到哪里，我也不知道。

假如要用几个字来总结这个系列，我最多也只能用唯识（Consciousness Only）来表达。我认为，这会是未来最完整的科学。而它跟一般的科学不一样，它是自己支持自己，自己验证自己，自己完成自己。它并不需要额外的证据来解释、证明自己。我才这么地有把握，认为这套科学会流传到后世。

说了这么多，我还是希望大家有信心，自己决定从哪里切入。

最重要的，还是心的共鸣。

心共鸣了，头脑会让步，也就不会在意你是从哪一个角度、哪一本书回到心。